日本エネルギー学会　編
シリーズ　21世紀のエネルギー　8

石油資源の行方
― 石油資源はあとどれくらいあるのか ―

JOGMEC 調査部 編

コロナ社

日本エネルギー学会
「シリーズ 21世紀のエネルギー」編集委員会

　委員長　　小島　紀徳（成蹊大学）
　副委員長　八木田浩史（日本工業大学）
　委　員　　児玉　竜也（新潟大学）
　（五十音順）関根　　泰（早稲田大学）
　　　　　　銭　　衛華（東京農工大学）
　　　　　　堀尾　正靱（科学技術振興機構）
　　　　　　山本　博巳（電力中央研究所）

(2009年2月現在)

〔執筆者一覧〕

伊藤　正巳（JOGMEC 調査部長：はじめに）

石井　　彰（JOGMEC 調査部 首席エコノミスト：1章, 7.4節, 8.3節, 9章）

本村　真澄（JOGMEC 調査部 旧ソ連担当主席研究員：2〜5章, 6.4節, 7.2節）

舩木弥和子（JOGMEC 調査部 中南米担当主任研究員：6.1節, 8.2節）

竹原　美佳（JOGMEC 調査部 中国, アフリカ（サブサハラ）担当主任研究員：6.2〜6.3節）

古幡　哲也（JOGMEC 調査部 中央アジア担当主任研究員：6.5節）

伊原　　賢（JOGMEC 調査部 メキシコ・中米, 技術担当主任研究員：6.6節, 7.3節）

猪原　　渉（JOGMEC 調査部 中東担当上席研究員：7.1節）

市原　路子（JOGMEC 調査部 北米担当主任研究員：8.1節）

　　　　（注）　JOGMEC：独立行政法人 石油天然ガス・金属鉱物資源機構

(2009年2月現在)

刊行のことば

　本シリーズが初めて刊行されたのは，2001年4月11日のことである。21世紀に突入するにあたり，この世紀のエネルギーはどうなるのか，どうなるべきかをさまざまな角度から考えるという意味をタイトルに込めていた。そしてその第1弾は，拙著『21世紀が危ない―環境問題とエネルギー―』であった。当時の本シリーズ編集委員長 堀尾正靱先生（現在は日本エネルギー学会出版委員長，兼 本シリーズの編集委員）による刊行のことばを少し引用させていただきながら，その後を振り返るとともに，将来を俯瞰してみたい。

　『科学技術文明の爆発的な展開が生み出した資源問題，人口問題，地球環境問題は21世紀にもさらに深刻化の一途をたどっており，人類が解決しなければならない大きな課題となっています。なかでも，私たちの生活に深くかかわっている「エネルギー問題」は上記三つのすべてを包括したきわめて大きな広がりと深さを持っているばかりでなく，景気変動や中東問題など，目まぐるしい変化の中にあり，電力規制緩和や炭素税問題，リサイクル論など毎日の新聞やテレビを賑わしています。』とまず書かれている。2007年から2008年にかけて起こったことは，京都議定書の約束期間への突入，その達成の難しさの中で当時の安倍総理による「美しい星50」提案，そして競うかのような世界中からのCO_2削減提案。あの米国ですら2009年にはオバマ政権へ移行し，環境重視政策が打ち出された。このころのもう一つの流れは，原油価格高騰，それに伴うバイオ燃料ブーム。資源価格，廃棄物価格も高騰した。しかし米国を発端とする金融危機から世界規模の不況，そして2008年末には原油価格，資源価格は大暴落した。本稿をまとめているのは2009年2月であるが，たった数か月前には考えもつかなかった有様だ。嵐のような変動が，「エネルギー」を中心とした渦の中に，世界中をたたき込んでいる。

　もちろんこの先はどうなるか，だれも予測がつかない，といってしまえばそれまでだ。しかし，このままエネルギーのほとんどを化石燃料に頼っているとすれば数百年後には枯渇するはずであるし，その一番手として石油枯渇がすぐ目に見えるところにきている。だからこそ石油はどう使うべきか，他のエネル

ギーはどうあるべきかをいま，考えるべきなのだ．新しい委員会担当のまず初めは石油．ついで農（バイオマスの一つではあるが…），原子力，太陽，…と続々，魅力的なタイトルが予定されている．

再度堀尾先生の言葉を借りれば，『第一線の専門家に執筆をおねがいした本「シリーズ 21 世紀のエネルギー」の刊行は，「大きなエネルギー問題をやさしい言葉で！」「エネルギー先端研究の話題を面白く！」を目標に』が基本線にあることは当然である．しかし，これに加え，読者各位がこの問題の本質をとらえ，自らが大きく揺れる世界の動きに惑わされずに，人類の未来に対してどう生き，どう行動し，どう寄与してゆくのか，そしてどう世の中を動かしてゆくべきかの指針が得られるような，そんなシリーズでありたい，そんなシリーズにしてゆきたいと強く思っている．

これまでの本シリーズに加え，これから発刊される新たな本も是非，勉強会，講義・演習などのテキストや参考書としてご活用いただければ幸甚である．また，これまで出版された本シリーズへのご意見やご批判，そしてこれからこのようなタイトルを取り上げて欲しい，などといったご提案も是非，日本エネルギー学会にお寄せいただければ幸甚である．

最後にこの場をお借りし，これまで継続的に（実際，多くの本シリーズの企画や書名は，非常に長い間多くの関係者により議論され練られてきたものである）多くの労力を割いていただいた歴代の本シリーズ編集委員各位，著者各位，学会事務局，コロナ社に心から御礼申し上げる次第である．さらに加えて，現在本シリーズ編集委員会は，エネルギーのさまざまな分野の専門家から構成される日本エネルギー学会誌編集委員会に併せて開催することで，委員各位からさまざまなご意見を賜りながら進めている．学会誌編集委員会委員および関係者各位に御礼申し上げるとともに，まさに学会員のもつ叡智のすべてを結集し編集しているシリーズであることを申し添えたい．もし，現在本学会の学会員ではない読者が，さらにより深い知識を得たい，あるいは人類の未来のために活動したい，と思われたのであれば，本学会への入会も是非お考えいただくようお願いする次第である．

2009 年 2 月

「シリーズ 21 世紀のエネルギー」 編集委員長　小島　紀徳

はじめに

　原油価格は1998年～1999年の1バレル10ドル台から徐々に上昇し，2004年以降高騰した。2008年1月には100ドルを超え，7月には150ドル近くまで値を上げた後，9月の金融危機以後急落し，2009年1月には40ドル台で推移している。

　2007年～2008年にあまりにも高騰したせいか，原因究明に向けての議論が国内外を問わず活発であった。その主流は，原油先物市場という規模の小さな市場に投資・投機を目的に資金が流入するという金融資本犯人説と原油の将来の供給に懸念があるとするファンダメンタルズ（需給）犯人説の二つである。いまさらいうまでもなく石油と現代生活は切り離せない関係にあり，価格高騰の真相がなんであれ，原油価格の上昇は石油製品価格の値上げとなり，生活に身近なところではガソリン，重油（船舶），ジェット燃料／航空運賃（サーチャージ），食料品の値上げと消費者，生産者（事業者）を問わず国民生活に多大な影響を与えている。

　本書はタイトルが示すように，将来の石油の需給を予測するものでもなければ，金融資本の実態の解明をしようとするものではない。石油はいつ，どこで，どのように作り出され，資源の量としてどのように評価されているか，さらには石油の供給側面に焦点を当て，地下に眠る石油資源について技術的見地からの紹介をする。したがって，大局的に見た資源量（供給可能量）をつかむことができるはずである。

　では，事実として過去10年程度では世界の石油の発見（探鉱・開発）はどのようなものであったのだろうか。これらにつき地域別，ならびに，形態別（在来型と呼ばれる通常の油田，非在来型と呼ばれる油田など）に紹介する。最近の一連の大発見は技術の進歩に負うところが大きい。石油の開発には多額の資金を必要とするので，技術の進歩はコスト削減に不可欠なものである。石油の賦存する可能性を確かめる地震探鉱と呼ばれる技術の進歩により精度が著

しく向上した。また，大水深や大深度での掘削の技術の進歩も挙げられる。2007年～2008年にかけてマスメディアを賑わせている筆頭はブラジル沖合でのブラジル国営石油会社による油田の発見であるが，ブラジルの発見はまさしく地震探鉱と掘削技術の進歩の賜物である。ブラジルの対岸は地球儀を見ると一目瞭然であるが，ナイジェリア，アンゴラをはじめとする西アフリカ大産油国地帯であり，ここでも新たな発見が相次いでいる。

　本書の構成は，まず，1章で読者の最大の関心事である「石油資源はあとどれくらいあるのか」にて総論を述べ，2～5章で技術的側面から「どうして地下の石油の量がわかるのか」，「そもそも石油とはなにか」，「石油はどのようにしてできたか」，「石油の量をめぐる議論」を述べ，6章で「新しい有望な発見」としてブラジル，西アフリカ，メキシコ湾，北極海などの事例を，7章で「発見済み未開発大規模資源」としてイラン，イラク，サウジアラビア，東シベリアなどの事例を取り挙げ，8章で「新しい形の資源」として非在来型資源とされるオイルサンド，オリノコヘビーオイル，オイルシェールを紹介し，最終章の9章で「石油の未来」について考察する。

　本書が読者の皆様にとって，マスメディアに登場しない日のない「石油」についての理解を深めていただける一助になれば幸いである。なお，本書では供給側面の事情を紹介したものであり，実際に生産（供給）できるか否かについては政治的理由（米国によるイラン制裁など），各事業の損益分岐点が重要なファクターとなることを考慮いただきたい。

　執筆は独立行政法人 石油天然ガス・金属鉱物資源機構（JOGMEC）石油開発支援本部調査部に所属する伊藤ほか8名の研究員が担当した。

　なお，本書の刊行の機会を与えてくださった日本エネルギー学会，ならびにコロナ社には，紙面をお借りして厚く御礼申し上げます。

2009年2月

　　　　　　　　　独立行政法人 石油天然ガス・金属鉱物資源機構（JOGMEC）
　　　　　　　　　　　　　　　　調査部長　伊藤正巳

目 次

1 石油資源はあとどれくらいあるのか

1.1 昨今の石油価格高騰の背景にある資源悲観論 …………………… 1
1.2 石炭資源の例 ………………………………………………………… 3
1.3 資源悲観論の歴史 …………………………………………………… 4
1.4 資源ピラミッド ……………………………………………………… 7
1.5 20世紀半ばの中東大発見は「貯金」に ………………………… 9
1.6 "イージーオイル"の枯渇!? ……………………………………… 13
1.7 複雑系としての石油埋蔵量 ………………………………………… 15
1.8 問題は地下ではなくて地上リスク ………………………………… 18

2 どうして地下の石油の量がわかるのか ― 埋蔵量と資源量 ―

2.1 石油はどのような状態で地中に存在しているのか …………… 20
2.2 石油のあるところはどのようにして見つけるのか …………… 23
2.3 石油はどのようにして地上に取り出されるのか ……………… 24
2.4 石油の埋蔵量と「可採年数」 ……………………………………… 26
2.5 埋蔵量の定義と可採埋蔵量と究極資源量の持つ性格 ………… 27

3 そもそも石油とはなにか ― 石油の定義 ―

3.1 「石油」という言葉 ………………………………………………… 30

3.2 重質油（ヘビーオイル）とはなにか ………………………………… 31
3.3 超重質油・ウルトラヘビーオイル（ビチューメン）とはなにか …… 32
3.4 オイルシェールとはなにか ……………………………………………… 34
3.5 天然ガス液（NGL：コンデンセート）とはなにか ………………… 35

4 石油はどのようにしてできたか ― 石油の起源 ―

4.1 石油の起源は？ ……………………………………………………… 37
4.2 油田のある地域に偏りがあるのはなぜか ………………………… 38
4.3 石油・天然ガス，石炭の成因はどのように異なるのか ………… 39
4.4 石油の無機起源説 …………………………………………………… 41

5 石油の量をめぐる議論 ― ピークオイル論の評価 ―

5.1 米国地質調査所の評価 ……………………………………………… 43
5.2 究極資源量の変遷 …………………………………………………… 46
5.3 ピークオイル論の内容詳説と理論的問題点 ……………………… 47
　5.3.1 ハバートの元祖ピークオイル論 ……………………………… 47
　5.3.2 ハバート理論に対する批判 …………………………………… 51
　5.3.3 最近のピークオイル論 ………………………………………… 52
　5.3.4 ピークオイルは2020年以降とするCERAによる予測 ……… 55
　5.3.5 想定されるピークオイルの時期とそれへの対策 …………… 57
　5.3.6 ピークオイル論の社会的な影響 ……………………………… 58
　5.3.7 石油産業の立場 ………………………………………………… 60

6 新しい有望な発見

6.1 ブラジル深海プレソルトでの大発見 ……………………………… 63

目次

- 6.2 アンゴラ沖大水深油田における発見 …………………………………… 69
  - 6.2.1 大水深油田は，アンゴラにとりどのような意味を持っているか …… 70
  - 6.2.2 探鉱開発の経緯，特徴 …………………………………………… 70
  - 6.2.3 開発状況，課題 …………………………………………………… 73
- 6.3 中国渤海の極浅海域における大型油田発見 ………………………… 73
  - 6.3.1 鉱区の位置 ………………………………………………………… 74
  - 6.3.2 この油田発見は中国にとりどのような意味を持っているか ……… 76
  - 6.3.3 探鉱開発の経緯，特徴経緯 …………………………………… 77
  - 6.3.4 開発状況，課題 …………………………………………………… 78
- 6.4 北 極 海 …………………………………………………………… 79
  - 6.4.1 北極海における資源と各国の動き ……………………………… 79
  - 6.4.2 北極海の海底地形 ………………………………………………… 81
  - 6.4.3 北極海における氷の変化 ………………………………………… 82
  - 6.4.4 ロシアによる油ガス田の開発 …………………………………… 83
- 6.5 カスピ海地域 ………………………………………………………… 86
  - 6.5.1 カスピ海沖合の石油埋蔵量ポテンシャル ……………………… 88
  - 6.5.2 カスピ海の石油地質の概要 ……………………………………… 89
  - 6.5.3 カザフスタン水域カスピ海 ……………………………………… 90
  - 6.5.4 ロシア水域カスピ海 ……………………………………………… 94
  - 6.5.5 アゼルバイジャン水域カスピ海 ………………………………… 95
  - 6.5.6 トルクメニスタン水域カスピ海 ………………………………… 96
  - 6.5.7 ま と め …………………………………………………………… 97
- 6.6 メキシコ湾米国海域の新生代古第三紀層での発見 ………………… 99

7 発見済み未開発大規模資源

- 7.1 中 東 湾 岸 ………………………………………………………… 108
  - 7.1.1 イ ラ ク …………………………………………………………… 108
  - 7.1.2 サウジアラビア …………………………………………………… 117
  - 7.1.3 イ ラ ン …………………………………………………………… 128

7.1.4　中東の重質油開発 ………………………………………………… 136
7.2　東シベリア ……………………………………………………………… 140
　　7.2.1　東シベリアの地質的な概要 ………………………………………… 140
　　7.2.2　石油探鉱の歴史 ―「鶏と卵の問題」……………………………… 141
　　7.2.3　1国のみに供給するパイプラインの持つ問題点 ………………… 142
　　7.2.4　東シベリア ― 太平洋（ESPO）石油パイプラインの建設 ……… 143
　　7.2.5　東シベリアのおもな油田開発 ……………………………………… 146
7.3　メキシコ湾のメキシコ海域深海 ……………………………………… 148
7.4　コンデンセート（世界のガス田の副産物）………………………… 152
　　7.4.1　石油統計の中のコンデンセート …………………………………… 152
　　7.4.2　コンデンセートとLPG ……………………………………………… 153
　　7.4.3　世界でのコンデンセートの量 ……………………………………… 154
　　7.4.4　天然ガスシフトの中でのコンデンセートの役割 ………………… 154

8　新しい形の資源

8.1　カナダ・オイルサンド ………………………………………………… 156
8.2　オリノコ超重質油 ……………………………………………………… 161
8.3　オイルシェール ………………………………………………………… 165

9　石油の未来 ― 石油資源の行方 ―

9.1　その他の技術革新要因 ………………………………………………… 171
9.2　石油資源の将来 ― 需要とのバランス ……………………………… 172
9.3　石油のこれから ………………………………………………………… 174

引用・参考文献 ……………………………………………………………… 176

1 石油資源はあとどれくらいあるのか

1.1 昨今の石油価格高騰の背景にある資源悲観論

2008年に入って原油価格（WTI先物価格[†]）は，1バレル（＝約159 l）100ドルを大きく超え，6，7月ごろには150ドルに迫る勢いとなっていた。2004年からほぼ一本調子に高騰を続けて，2003年価格水準の約5倍の価格となった。この間の米ドルの他通貨に対する交換価値下落や，米国内のインフレによるドル自体の減価をカウントしても約4倍程度の実質価格上昇であり，それまでの史上最高価格であった1980年初頭の原油価格である1バレル105ドル程度（現在のドル価値で換算）を大きく超えて，史上最高価格の大幅更新となった。この4年余りの間，中国を中心とする途上国での石油需要増大によって，近い将来に世界の原油需給が逼迫する可能性が高いという懸念で，WTI先物価格が大幅上昇したのである。

しかし，この4年間余りの期間において，世界の原油需給全般は在庫水準が大きく低下するような逼迫(ひっぱく)状況には一度も陥らず，少なくとも2008年秋までは需給逼迫というのはまったくの杞憂であった。元来，先物市場というのはスポット（現物）取引市場と異なり，その取引時点での需給バランスではなく，

[†] WTIとはWest Texas Intermediateの略で，米国テキサス州西部とニューメキシコ州南東部周辺で産出される高品質な原油のこと。硫黄分が少なくガソリンや軽油といった軽質製品を多く取り出せる。その先物がニューヨーク商業取引所で取引されており，世界的な原油価格の指標になっている。

将来の需給状況を織り込んで現在の価格が決定されることが特徴であり，それが将来の価格リスクヘッジの機能でもあるが，将来の需給状況というのはだれにも正確なことはわからない。原油先物市場関係者の大方の見通し，思惑が強く反映されるのである。

現時点（2009年1月）では，金融危機の深刻化による当面の実体経済悪化懸念を反映して，2008年7月のピーク時に比べるとほぼ1/4の1バレル40ドルまで急落した。この価格水準は2003年以前と比べてまだ約2倍近くもあり，将来の再びの需給逼迫懸念が依然として反映されている。しかし，価格が高騰してきた2000年以降の世界の需要増は年間平均で1％台であり，原油価格が低位安定していた90年代と比較して需要増加率がトレンドとして大きく上昇している事実はない。70年代の石油危機の前には年間7～8％も需要増があったのと比較して，過去20年近くにわたってむしろ世界需要の伸びにはまったく勢いはなかった。

それではなぜ，多くの原油先物市場関係者が需給逼迫懸念を持ったのであろうか。一部の金融関係者などに意図的に懸念を煽るような動きがあったのも事実であるが，より本質的な問題は近い将来に供給増がスローダウンして需要に追いつかなくなるのではないか，極端な場合，現在すでに原油供給能力がピークに達し，来年からは急激に落ち込んでしまい，近い将来に需給ギャップが急激に拡大してしまうのではないかとの懸念が，2004年以降に原油先物市場関係者に強く持たれたことである。すなわち，急激な需要拡大懸念というよりも，近い将来の供給能力の不調，ないし供給能力の減退懸念が急速に蔓延したことが問題の本質であろう。

そこで，クローズアップされてくるのが，2000年頃からしばしば欧米の科学雑誌や一般マスメデイアに広く紹介され，さらに2005年以降には世界で出版ラッシュとなったいわゆる「ピークオイル論」である。ピークオイル論とは，1980年代末頃から唱えられている，「あと数年で世界の原油供給能力は地質的な限界に達した後に急減する運命にあり，人類はそれを前提としてドラスティックな対応策をただちに取らなければならない」という警世の議論であ

る。ピークオイル論のような地質的悲観論とは異なるが，OPEC 諸国での新規油田開発投資不足や産油国での政情不安によって将来供給能力が長期間にわたって不調に陥るとの懸念も，一部有力金融機関が 2004 年頃より大々的に喧伝した事実もある。

過去 5 年ほどの間に急速に広まった，これらの原油供給能力悲観論，特にピークオイル論が地質学的に信憑性の高い理論かどうかは，5 章で詳しく論じることとして，このような石油供給能力悲観論，ないし石油資源悲観論が 150 年以上の石油の歴史において，どのような意味合いを持っているのか考えてみよう。

1.2 石炭資源の例

石油資源量懸念の意味付け，位置付けを考える際に参考になるのは，石油よりずっと古い歴史を持ち，人類最初の産業用エネルギー資源となり産業革命を支えた石炭の歴史であろう。

石炭利用による産業革命は 18 世紀の英国で始まり，英国は世界の工場となって後に「日が没することがない」大英帝国が成立する。産業革命をエネルギー面から見た核心は，枯渇化が進んだ木炭に代わって石炭から製造されるコークスによる製鉄技術の革新と，ジェームズ・ワットによる石炭を燃料とする蒸気機関の発明である。18 世紀の英国産業革命は全面的に石炭に支えられていた。しかし，19 世紀に入ると早くも英国の石炭資源の枯渇が心配され始めた。その時点で 100 年後，すなわち 19 世紀末には英国の石炭資源は枯渇して英国は没落するという議論が英国内で沸騰した。今日のピークオイル論の興隆とよく似た状況であった。当時，英国以外にはほとんど石炭は存在していないと考えられていたので，英国人の不安心理が煽られたのである。その後の歴史の展開は，独仏を始めとする欧州各地で膨大な石炭資源が確認・開発されただけでなく，大英帝国内を含む世界各地で石炭資源が確認・開発されて，石炭資源枯渇の不安はどんどん先延ばしにされた。20 世紀半ば以降になると，今

度は石炭に代わって石油が産業用・交通用のエネルギー主役に躍り出るにおよんで，現在でも英国の石炭資源は高品質なものが豊富なまま地下に眠っている。

　この歴史から教訓を汲み取るとすれば，産業や交通がある特定の枯渇性エネルギー資源に大きく依存していると，人々の枯渇に関する不安心理を煽りやすいことであり，また地下資源の量というのはその世界的広がりが予想しにくいことであり，さらに長期的には有力な代替エネルギーが登場する可能性があることである。

1.3　資源悲観論の歴史

　約150年の産業史がある石油資源についても，石炭同様にその黎明時期から資源悲観論がつねに付きまとっていた。近代石油産業の歴史は日本の幕末にあたる1859年の米国ペンシルバニアでドレークによって掘削された油井に始まるが，当時の米国の地質学者の大半が石油資源はペンシルバニア周辺にしかないと考えていた。例えば，1885年に石油独占企業として興隆してきたスタンダード・オイル社の役員ジョン・アーチボルトは，「最大に見積もってもほかの地域で大きな油田が発見される見通しは1/100もない」との地質専門家の言を信じて，米国の石油生産は近い将来減退が避けられないからと，自社の株式を二束三文で売却している。その直後にテキサスで大油田群が発見されるのである[1]†。

　また，20世紀初頭に小型艦船の一部を石炭動力より高速が出せ，しかも航続距離が長くなる石油動力に転換した英国海軍は，戦艦など大型艦船も石油に転換するかどうか悩んでいた。その悩みの最大の原因が，中東を含む大英帝国内には石油資源がなく，将来も発見される可能性が低いと考えていたためである。このためにペルシャ（現イラン）での石油探査を行おうとする"山師"（投機的事業家の意）の英国人資本家，ダーシーが英国政府からその探査資金

---

† 肩付き番号は巻末の引用・参考文献番号を示す。

1.3 資源悲観論の歴史

を得ることは困難を極めた[1]。その後，ペルシャでは大油田が発見され，英国海軍は世界に先駆けて石炭から石油に大転換することができた。

さらに，第1次世界大戦後の1920年代には，すでにペルシャで大きな石油生産を行っていた英国の国策会社アングロ・ペルシャ・オイル社（現BP社）は，対岸の「サウジアラビアに石油資源がある見込みはまったくない」との見解であったため，ペルシャ湾岸のアラビア側で石油探査を行おうとするニュージーランド人ホームズ大佐への資金協力を拒否している。仕方なくホームズは米国の石油企業の協力を仰ごうとするが，当時の米国石油業界に君臨していたニュージャージー・スタンダード・オイル社（現エクソンモービル社（ExxonMobil，米））は拒否。最後に，テキサスの保有油田が枯渇して会社存亡の危機にあえいでいたガルフ・オイル社とカリフォルニア・スタンダード・オイル社（現シェブロン社（Chevron社，米））が，藁をもつかむ気持ちでホームズの博打を受け入れた。当時，大半の地質専門家は，アラビア半島に石油資源がある可能性はほとんどないと信じていたのである。その後，両社はバーレーンを手始めに，サウジアラビアで史上最大の巨大油田をつぎつぎと発見する[1]。

第2次世界大戦後の1940年代後半には，プラット，ウィークス，ポーグなど当時の代表的な石油地質専門家によって世界の究極可採埋蔵量，すなわち，すでに使用してしまった分を含めた人類が商業利用できる石油の総量が約5000億バレル前後であると推定されて，石油業界でも世間一般でもそれが信じられていた[2]が，この量は現時点までに「すでに使用してしまった」石油総量のなんと半分に過ぎない。当時の世界の石油確認可採埋蔵量（いわゆる埋蔵量）は約700億バレルであり，現在の同埋蔵量の1/15程度である。当時の生産量は日量800万バレルで現在の1/10以下であった。現在では，これとは別に，オイルサンド，超重質油，オイルシェールなどの非在来型の石油系資源が膨大に存在する事が確認されており，開発技術の進展によってすでにその一部の数千億バレルは埋蔵量に繰り入れられ始めて，いわば「在来型」に移行しつつある。このため，人類が利用可能な石油系資源の量は，標準的な評価としては将来3兆バレルから大幅に引き上げられることが確実である。

1. 石油資源はあとどれくらいあるのか

1970年代には2回の「石油危機」という名の石油価格急騰に見舞われたが,この時代は同時に石油資源悲観論の時代でもあり,この悲観論の興隆が石油価格高騰の一部の原因でもあり結果でもあった。この時代は資源悲観論の興隆と価格高騰の悪循環となっており,現在の状況とよく似ている。

発端である1972年に発表されたローマ・クラブのレポート『成長の限界』[3]は,世界がこのまま幾何級数的に経済成長すると30年程度で石油資源は枯渇し,環境カタストロフィーと相まって文明世界は破綻する可能性が高いとの内容で,世界に大きな衝撃を与えた。このレポート自体は,システム・ダイナミックス・モデルというコンピューター・シミュレーション手法による分析の結果であるが,資源量などのデータ・インプットは仮おきの数字を使った「定性的」な長期シナリオ分析であって,定量的に厳密なものではまったくなかった(元来,システム・ダイナミクスは論理優先でデータ軽視の「定性的」分析手法である)。また,発表当時より,経済学者などから技術革新を余りにも軽視しているとの強い批判もあったが,「30年で枯渇」という「仮おき」数字が一人歩きして産油国・消費国の行動に大きな影響を与えて,その後の12年間におよぶ石油高価格時代を陰で演出したことは紛れもない事実である。

ちなみに,当時の石油可採埋蔵量の可採年数(その時点での確認可採埋蔵量をその時点での生産量で割った年数)は約28年であり,石油の門外漢には,あと30年で枯渇とのローマ・クラブの「ご託宣」との整合性がとれていたように映った。現在では石油可採埋蔵量の可採年数は約40年に大きく増加しており,可採埋蔵量は絶対量で見ても可採年数で見ても,70年代よりも現在の方がずっと余裕がある(なぜ,可採年数が増加するかは2.4節で説明する)。

このように石油の歴史,さらには石炭を含む重要化石燃料全体の歴史を振り返ってみると,何十年かのサイクルで資源悲観論が興隆し,しばしば資源価格や世の中の動向に大きな影響を与えていることがわかる。化石燃料は枯渇性資源であり,いつかは枯渇することは間違いないが,このことが人々の不安心理を煽りやすい傾向が明確である。ここまでの歴史では,資源悲観論はすべて誤りであった。

昨今のキャンベル氏の「ピークオイル論」[4]は，5.3節で詳しく論じられるが，1980年代半ばから，あと数年で世界の石油生産能力は地質的な限界からピークに達するという警鐘を出し続けている。現在では2010年頃の到来予想としており，結果的にピーク予想は20年延期されてしまっている。したがって，学術的な議論としてはすでに方法論的破綻が明らかなように見えるが，これを下敷きにした環境ジャーナリストなどによる石油資源の地質的限界論が2004年頃より米国で出版ラッシュとなり，今回のWTI先物価格高騰に大きな影響を与えていたと考えられる。

1.4 資源ピラミッド

この後の章のさまざまな議論を理解してもらう前提として，そもそも地下資源というのはどのような基本的性格があるのか，資源ピラミッドという概念で説明しよう。この基本を押さえていない環境ジャーナリストなどによる議論が，世間的に大きな影響力を持ってしまっているからである。

まず，石油などの地下資源は，地下深くに埋蔵されており，地上より直接その存在を把握することはできない。地球上の石油総資源量・埋蔵量の正確な把握を一挙に行うことは，現代のすべての最新技術を総動員してもまったく不可能である。これが，第一に押さえるべき基本である。

したがって，埋蔵量は巨額の投資によって営々と石油会社によって続けられる探査井掘削作業，すなわち探鉱投資によって新規の油田を逐次発見していく以外に確認する方法がない。

つぎに押さえるべき点は，鉱床には品位，すなわち経済的価値に大きな差があることである。

石炭や金属鉱物であれば，採掘された鉱石の含有成分の質，油田であれば産出した原油の質（軽質か重質か，高硫黄分か否か，高酸性か否かなど），あるいは鉱床，油田の地理的位置・深度・広がり・油層岩質・圧力という意味で価値や生産コストが千差万別である。一般に品位の高い鉱床はわずかであり，品

位が低くなるほどその数は幾何級数的に増加する。ここが一般製造業と鉱業のまったく異なる点である。一般製造業では，同様な製品を製造するには，どの企業のどの工場であろうとコストや生産量にそれほど大きな差はないが，資源鉱床はその採掘コスト，規模は千差万別である（油田規模の分布は，かつて対数正規分布に従うとされていたが，現在ではフラクタル分布，ないしベキ乗分布に従うとされている）。

　第三に押さえるべき点は，探査技術，生産・回収技術は中長期的に大きく革新されるということである。これにより，中長期的に品位の低い鉱床の回収コストは大きく下がる傾向が顕著である。文明が滅びない限り，技術は退歩せず，進歩しかしない。

　第四に押さえるべき点は，税制と価格である。原油の場合は，世界の平均生産コストと販売価格（限界供給コストといい換えてもよい）に大きな差があって全体で莫大な利益（レント）を生むが，これはOPEC諸国の大油田の生産コストが著しく低いからである（逆に米国などの群小油田の生産コストは販売価格に近い）。そのため，原油を生産する石油会社に対する産油国政府の課税率は一般に著しく高く，実効税率は90％以上にも達することも普通である。石油を探査・生産する石油会社の立場に立つと，価格が大きく上昇しなくても，税率がわずかに改善されるだけでも，大きな増産インセンティブが働き，それまで不採算であった油田から新たに石油が生産されて新たに埋蔵量として追加されてくる。これも一般製造業とまったく異なる点である。

　最後に，インフラストラクチャー効果がある。海底油田や内陸奥地の油田では，開発・輸送コストが高いが，いったん当該地域で大油田が開発生産されてくると，そのために設置された生産プラットフォームやパイプラインが周辺開発のためのインフラと化して，それまで採算にのらずに生産されてこなかった群小油田から，生産が開始されて埋蔵量として繰り入れられてくる。

　あるいは，新油田を発見しても採算に乗らないだろうからと見送られていた探査投資が開始されてくる。

　以上のような基本的性格を模式的に表すと図**1.1**のピラミッドのようにな

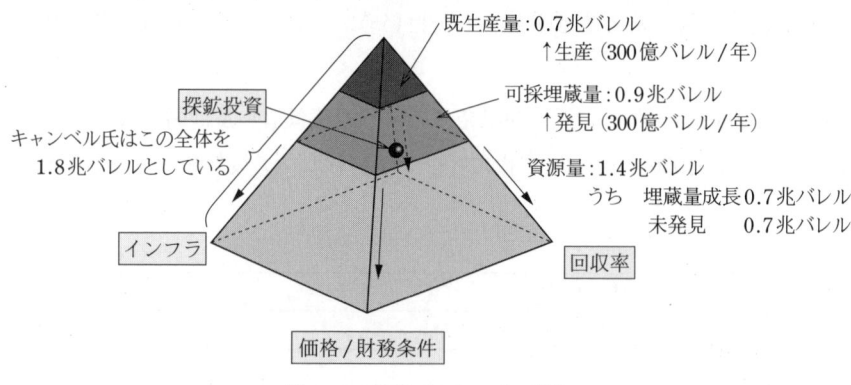

図 1.1 資源ピラミッドの概念

る（数字は米国地質調査所の 2000 年の評価量[5]（5 章参照）：1996 年時点ベース）。これは元米国地質研究所の地質専門家マッケイブ氏が提案したものであるが，上の方ほど品位が高く（優良な油田），下の方ほど品位が低い（経済価値の低い，あるいは技術的困難性の高い油田）。

　一番上の濃い色の三角錐の体積がすでに消費してしまった量を表しており，その下のやや濃い色の台形状の部分が現在の埋蔵量を表し，一番下の大きい台形状の部分がこれから追加されてくるであろう埋蔵量を表している。時間とともに各陵が矢印の方向へそれぞれ独自の速度で動いていくが，それによって真ん中の台形の底面が広がり，同時に一番上の既存消費量の体積も増大する。したがって，真ん中の濃い色の台形状の体積，すなわち埋蔵量は，各陵が下がる速度と一番上の三角錐が拡大する速度の差によって，大きくなったり小さくなったりするが，一番上の三角錐が全体のピラミッドの底面に達したところで消滅，すなわち資源が枯渇する。

1.5　20 世紀半ばの中東大発見は「貯金」に

　ピークオイル論などの現在の石油資源悲観論のおもな論拠の一つが，「近年，世界の新規油田発見量が急激に落ちてきているので，一定の時間差をおいて石

油生産能力も落ち始めるはずである」という,非常にわかりやすい議論である。

実際,1930年代からの新規油田発見による埋蔵量追加量は図1.2のグラフに見るように1950年代,60年代にピークを打ち,その後急減しているように見える。

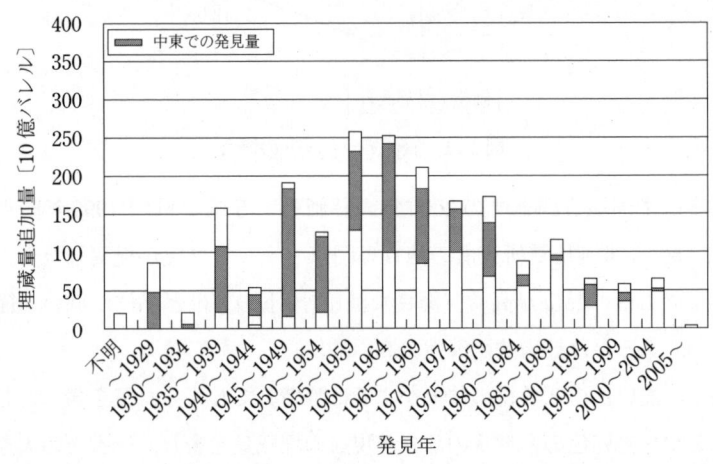

図1.2 新規油田発見による埋蔵量追加量〔出典:国際石油開発帝石株式会社〕

しかし,じつはこの「わかりやすい」見方には二つの落とし穴がある。まず,1950〜1960年代の大発見時代は,中東地域での大発見によってもたらされたということであり,その期間もその前後も,中東以外の地域における発見量には大きな変動がない。

近年では中東での発見量はきわめて小さくなっており,これが世界全体の発見量減退の主因であることがはっきりしている。一方で,現在の中東の埋蔵量の可採年数は80年以上もある。

単純計算では,いま,探査投資をして新規油田を発見しても,それが実際の石油収入として寄与してくるのは80年先ということになり,当分の間は探査投資が積極的に行われなくなる。

現実に過去30年ほど中東における探査投資は,世界の他地域と比べて圧倒

的に少なく，例えばサウジアラビアでは年間数坑程度の探査井しか掘削されていないが，対して枯渇化が始まってすでに久しい米国では現在でも年間千坑以上もの探査井が掘削されている。中東において可採年数80年ということは，1950～1960年代の中東での大発見埋蔵量はいわば「定期預金」されてしまっており，過去数十年間において中東産油国はその金利分（埋蔵量成長：技術革新などによる既存油田埋蔵量の増加分）で毎年生活している（すなわち生産している）のであり，日銭を稼ぐ（新規油田を発見する）必要が当分ない。だから，中東での発見量が大きく落ちているのであり，それによって世界全体の新規発見量が大きく落ちていると考えるのが妥当であろう。

ちなみに，米国の可採年数は10年程度，北海油田の英国は6年程度である。ここ数十年間，世界全体は巨額の中東「定期預金」からの埋蔵量成長という「金利収入」と，地質的にそれほど有望でない「その他地域」での新規発見油田埋蔵量という「パートタイム仕事の日銭稼ぎ」で生活している（石油消費している＝埋蔵量を維持している）わけである。

幸い中東の巨額「定期預金」の元本にはほとんど手を付けていないし，本業（中東地域などでの新規探査）にも腰が入っていない。地質的には，依然として将来の新規発見埋蔵量に対する期待の中で中東が世界最大であるが（例えば，米国地質調査所の2000年の評価[5]），過去数十年間において世界の石油需要は，それ程地質的に有望でない中東以外の「その他地域」での新規発見でずっと賄われてきたのである。しかも，「パートタイム仕事」に過ぎない「その他地域」での発見量トレンドはこの半世紀間においてほとんど落ちていないのである。**図1.3**は石油の歴史が始まって以来の，世界の堆積盆（油田が存在する可能性のある地域）に対する坑井掘削数をプロットしたものであるが，米国などに比べて中東などではほとんど探査が進んでいないことが一目瞭然である。

したがって，すでに説明した模式的な資源ピラミッドの図1.1は，より現実的には**図1.4**のように途中まで虫食い状態になっており，中東の品位の高い，すなわち生産コストが安い巨大油田の既発見分と将来新規発見されるであろう

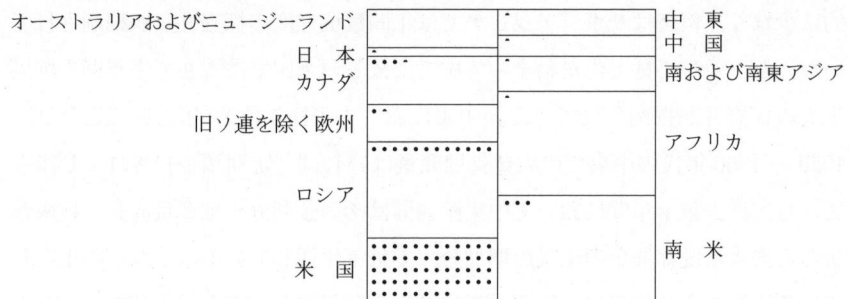

各地域の堆積盆地の面積比例，黒丸1個が5万本の坑井掘削実績
（英国は欧州に含まれている）

図 1.3 世界の地域別探鉱密度比較[6]

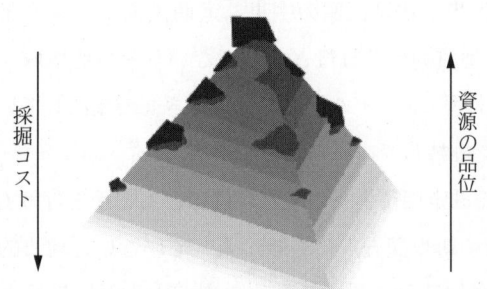

図 1.4 マッケイブ氏提案の石油資源ピラミッドの実際

分が，かなりの程度残ったままになっているのである。これが第一の落とし穴である。

もう一つの落とし穴が，新規発見量トレンドのグラフ作成上のテクニカルな問題であり，グラフの見かけが実態以上に右肩下がりに誇張されていることである。これは，既発見油田にかかわる埋蔵量成長の繰り入れ時期の問題であり，詳しくは5章（5.3.3項）で説明される。

1.6 "イージーオイル"の枯渇!?

　ピークオイル論のような地質的限界論とは違うが，それとの関連で，しばしば石油業界主流からも，簡単に安く生産できる石油の時代は終わりつつある，すなわち「イージーオイル（簡単に発見・生産できる石油）の終わり」ということがいわれる。新規の油田発見や生産が技術的にますますチャレンジングなものになりつつあるという意味と，政治的に難しい地域での石油生産事業にどんどんシフトせざるを得ないという意味でもいわれる。

　確かに，現在国際石油会社がほとんど閉め出されている中東湾岸地域を除くと，新規の石油探査・生産は技術的にチャレンジングになってきており，しかも昨今の石油価格高騰に刺激されて，再び興隆してきた資源国の資源ナショナリズムの大波に晒されていることは事実である。しかし，石油の歴史を振り返ってみると，石油事業はつねに技術的チャレンジの連続であったし，政治的ハザードをなんとかクリア（マドリングスルー）してきた歴史であることが判明する。「イージーオイルの終わり」は，なにもいまに始まった事ではない。例えば，ピークオイル論の元祖ともいうべき存在であり，またキャンベル氏が師と仰ぎ，氏の"アイドル"でもある第2次世界大戦前後に活躍した著名な石油地質専門家のハバートは，なんと中東の大油田発見時代の直前，1937年に「イージーオイルの時代は終わった！」と宣言している。いうまでもなく中東の巨大油田は，生産コストが世界の中でも石油の歴史の中でも圧倒的に安く，紛れもない典型的なイージーオイルである。

　石油事業はつねに技術と政治へのチャレンジであり，安易な道がないことは事実だが，クリア不可能ということとはまったく異なり，石油産業側の努力に大きく左右される。

　石油産業側の石油系資源に対する具体的，数量的な評価・認識について，世界最大の民間石油企業であるエクソンモービル社は図**1.5**のグラフのように表現している。

14   1. 石油資源はあとどれくらいあるのか

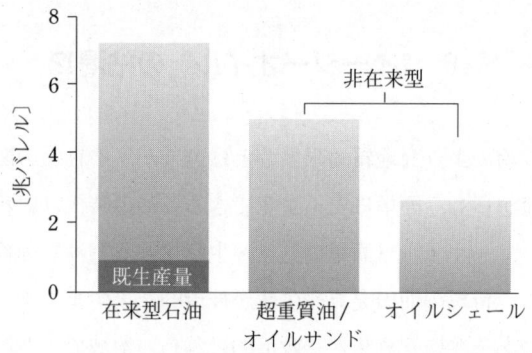

図 1.5　各石油系資源の究極原始埋蔵量推定
〔出典：エクソンモービル社〕

　地球上にある在来型石油資源の総量は6〜8兆バレル程度と推定され（左の棒グラフ），この内約1兆バレルがすでに生産済みである。残った5〜7兆バレルの内，約1兆バレルが現在の埋蔵量（確認可採埋蔵量）である。したがって，今後発見ないし，既発見油田からの追加回収される可能性がある量が最大で4〜6兆バレル存在するが，このうちどれだけを人類が実際に利用可能とできるかは，今後の探鉱投資と経済的回収率の向上など技術革新次第である。

　真ん中の棒グラフで示された非在来型石油資源の超重質油については，総資源量は4〜5兆バレルとされる。これにはカナダのオイルサンドやベネズエラのオリノコ超重質油が含まれる。近年の生産技術の革新によって，この内数千億バレルが商業的に生産可能と見なされるようになり，一部の石油統計ではすでに埋蔵量（確認可採埋蔵量）として計上されてきている。

　さらに，右の棒グラフで表されるのが，同じく非在来型石油資源であるオイルシェールであり，資源量は2〜3兆バレルと推定されている。超重質油と異なり，いまだ十分な商業生産方法が確立されておらず，各種の石油統計に埋蔵量（確認可採埋蔵量）としてはまったく計上されていないが，高い原油価格水準が長期的に継続されれば，商業生産されて埋蔵量として大量に計上されてくる可能性は高い。ここ数年，多くの石油企業は商業的生産技術の研究開発に再び力を入れてきている（1970年代にも技術開発ブームになったが，その後の

石油価格暴落でほとんど中止されてしまった）。

1.7　複雑系としての石油埋蔵量

　以上のように，石油資源量評価は過去150年間の間に大きく拡大してきており，過去の資源悲観論はその後の探査活動，技術の進展によってこれまでつねに否定されてきた。しかしながら，過去半世紀の間で資源悲観論が最も世界的に盛り上がったのが1970年代と2000年代，すなわち現在であろう。この二つの時代の資源悲観論の興隆には，それまでと異なる二つの特徴が見られる。それはまず，1970年代には米国，2000年代に入ってからは英国という二つの石油産業の本拠地で，それぞれ域内生産量が明らかに地質的限界からピークアウトしたことと軌を一にしていることである。米国の石油生産量のピークアウトは1970年，英国（北海）の石油生産のピークアウトは2000年である。この米英の生産ピークアウトと資源悲観論の興隆の時間的シンクロナイズは偶然の一致ではないだろう。この二つの地域は世界の他の地域とまったく異なる特徴がある。それは，この2地域がこれまで石油産業の中心であり（石油産業発祥の地であり，かつ大半の有力民間石油会社の本拠地），かつ石油需要の中心であったというだけでなく，石油資源探査，すなわち探鉱投資に関してほとんど政治的制約がなく，いわゆるレッセフェール（自由放任市場，市場原理主義）環境下で，長年にわたって世界の探鉱開発投資が圧倒的に集中してきたという点である。

　2008年現在でも，世界の探鉱開発投資額のなんと5割近くは，すでに明らかに枯渇化が始まっているこの二つの地域に依然として投下されているのである。その結果，先の図1.3で見たようにこの二地域の探鉱密度は世界の他の地域に比べて圧倒的に高く，明らかに地質的に成熟した地域（地質的に新規発見余地が余りない地域）になっていることである。1970年には「米国人」地質専門家ハバートが，2000年には「英国人」地質専門家キャンベルが，それぞれその時代を代表する地質的悲観論の主唱者となっていることも，この二つの

時代の石油資源悲観論の興隆が，米英というローカルではあるが，世界の石油産業の中心における雰囲気を象徴しているように見える．中東を含む世界の他の地域では，石油資源探査活動は歴史的に著しく政治的な制約，コントロールを受けており，レッセフェール・自由市場にはほど遠く，その結果，探鉱密度は米，英2か国に比べると依然として桁違いに低いままであり，全体として減退開始の気配はほとんどない．

つぎに，1970年代と2000年代には，環境問題が大きくクローズアップされ（前者は地域公害問題，後者は温暖化問題），どちらの時期も石油が「環境の敵」と見なされる風潮が著しく高まったことである．70年代も現在も確かに環境問題は深刻化しており，大胆な対策が真剣に求められている．そこで，環境対策の積極推進派の人々が「石油資源はどうせ長く持たないのだから環境フレンドリーな代替エネルギーへの積極導入策を！」というスローガンの下，石油資源量の科学的・客観的評価ではなく「政治的評価」へのインセンティブを大きく持ってしまった様相が強い．現在の世界で最大のエネルギー源が石油であることから，彼らの目には，単位当たり温暖化ガス排出量（燃焼時の二酸化炭素だけでなく採掘時のメタン漏洩を含む）もほかの汚染物質排出量も石油よりずっと多い石炭ではなく，石油を主敵とするメンタリティーができ上がっている．現在の可採年数だけでも200年以上ある石炭の資源量は膨大であり，「石炭資源はどうせ長く持たないのだから」とのレトリックは使えないが，石油資源のピークアウト論は，環境には良いが高コストな代替エネルギーの導入促進の理由付けには非常に好都合である．

この二つの要素，すなわち米，英という石油産業の中心におけるローカルな石油生産ピークアウトと，環境面からの石油悪玉論が連結して，70年代と現在の石油資源悲観論の興隆がもたらされたと考えられる．今回の石油資源悲観論の興隆も，このような背景，極論すればローカルな，または政治的なバイアスが背後にあることを押さえる必要があろう．6章以降の章で具体的に種々説明するが，現在，過去に比べて特に石油系資源量に関するさまざまな客観的なデータが，世界全体として急激に悲観的見方を支持するようになったとは見え

ない。

　しかしながら，石油資源が枯渇性の資源であり，いつかは世界全体で地質的限界に達して生産がピークアウトし，枯渇化することは100％確実である。ピークアウトが，10年以内なのか50年後なのか200年後なのか，人々が正確に知りたいというのはきわめて自然なことだろう。はたしてピークアウト時期や枯渇時期を人類が事前に正確に知ることは可能なのだろうか。

　結論からいうと，それはきわめて困難であり，事実上不可能であろうと考えられる。

　その理由は，すでに資源ピラミッドのところで述べたように，石油埋蔵量を決定する要因は，地質的なものだけでなく，探鉱投資，技術革新，価格・財務条件，インフラなどがあり，地質条件は最大資源量をルーズに規定しているに過ぎないからである。すでに示した虫食い状のピラミッド図の底面はフェードアウトしていることにも注意しなければならない。可採埋蔵量ではなく，地球上の石油総資源量でも，現在のところは神のみぞ知る世界である。しかも，それらの可採埋蔵量を規定する各要素が相互に依存しあっており，その要素間のフィードバックループは，複雑な社会経済的なプロセスによってそれぞれタイムラグや影響度が大きく異なっている。

　これは，まさに近年の科学論でいうところの複雑系であり，惑星の軌道計算や砲弾の弾道計算のような将来予測が正確に成り立つ単純系（古典物理的システム）ではない。単一の微分方程式などを用いた伝統的・典型的な予測手法では到底予測可能とは考えられない。複雑系は，経済や政治といった社会現象の大半がこれに当てはまると考えられており，自然現象でも気象（特に数日以上先の天気）や地震発生や生態系などが典型例とされ，どれも正確な予測は不可能であり，せいぜい確率予測や定性的パターンが成り立つ程度の予測可能性しか人類は持ち得ない。近年では，これらの現象の予測困難性は予測技術の未熟さやデータ不足というよりも，原理的に予測がきわめて困難，ないし不可能と解釈されてきている。5章で詳しく述べるが，ハバートやキャンベルの悲観論の予測手法は基本的にロジスティックス曲線という，一定の環境容量の中で生

物の個体数がどのように推移するかという仮説，すなわち単一の方程式から取られたものである。

生産量の推移予測がある程度当たったかに見える米国や（さらに予測的中度は大きく下がるが）英国の石油資源開発の歴史は，政治の世界からほとんど隔離されて一定の投資環境下で"自由に"探鉱開発投資が集中的に行われたという，石油の世界では希有な単純系（古典物理的システム）に近い例であると見なせるのではないだろうか．世界のほかの地域では，政治介入や戦争などによる投資制約がこれまで"過剰な"（あるいは，新古典派経済学に従えば"適切な"）探鉱開発投資の抑制に大きな役割をはたしてきたと考えられる。

1.8 問題は地下ではなくて地上リスク

ピークの到来時期も枯渇時期の予測も困難ということになれば，なにを目途にわれわれは行動すればよいのであろうか？ 天気予報では，正確な予測ができない以上，人々は降水確率に応じて傘を持参したり，野外イベントなどでは雨天の場合の代替策を講じる「リスク・マネジメント」を行う．石油資源枯渇やピークアウトについても，同様にいろいろなリスク・マネジメント，例えば代替エネルギーの技術開発や省エネ技術の研究などが行われる必要があろう．しかし，同じ複雑系でも自然現象のそれと社会・経済現象のそれでは，決定的に異なる点がある．

それは，社会・経済現象では，われわれの側の行動によって将来はかなりの程度変え得るという点である．石油埋蔵量というのは，資源ピラミッドで説明したように探鉱開発投資や技術革新という人間側の営為が大きく絡むので，自然現象というよりも社会現象，特に経済現象と見るべきだろう．「自然現象」が規定するのは，地球上の最大資源総量であって，けっして可採埋蔵量ではない．石油可採埋蔵量の推移が当分の間は経済現象としての複雑系であるとすると，具体的にはなにが重要なのだろうか．継続的で十分な探鉱開発投資と技術革新の努力の重要性であり，この努力を鋭意行うことによってピーク到来時期

を大幅に後ろにずらすことが可能と考えられる。予測は困難でも，ピーク到来時期の大幅延期は可能だ。特別な政策的努力をしなくても，市場メカニズムでそれが推進されることは考えられるが，そのためには石油価格の大幅高騰やいろいろな市場混乱を何度も経なければならない可能性も十分ある。場合によっては，市場機能の不全によって，地下に大量に未利用石油資源を残したまま石油時代が終了してしまう可能性も考えられる。現実の市場機能は，標準的な経済学の教科書にあるような万全さはない。その場合，世界経済，人類社会が大混乱に陥り，無用の大規模人的被害，環境的被害が生じる可能性も考えられる。

そうならないように，石油資源の探鉱開発投資とそれにかかわる技術革新の促進が，世界で政策的に強力に図られる必要性が高い。当分の間は，石油資源の地質的限界よりも，地上の探鉱開発投資への制約要因やR&D投資への制約要因の方がずっと重要な問題であろう。いまや，地下の地質リスクよりも地上の政治・経済リスクの方がずっと大きいというのは，国際石油産業の共通認識になりつつある。具体的には，昨今の石油価格高騰に伴う多くの資源国における政治的な意味での探鉱開発投資環境の悪化（資源ナショナリズム）であり，また若い世代の地質専門家やエンジニアの絶対的不足や，R&D投資額の抑制などである。米国の石油会社に特徴的だが，株主還元に重点を置く利那的な経営方針（株価経営）も問題である。

幸いなことに石油資源自体の地質的制約が未だそれほどでもないことについては，6章以下の章において，いかに最近の探鉱開発活動によって，数多くの新たな石油資源が発見されてきているか，またすでに発見されているが，手が付けられずに開発投資を待っている油田や非在来型石油資源が多くあるのか，多数の具体的な事例を挙げて，これまで述べてきたことが根拠のない楽観論ではないことを示すこととしたい。これらの章をお読みいただければ，"イージーオイル"がなくなってきたのではなく，いかに地下にある資源量をイージーオイルにするような技術開発や投資環境や政策が求められているかということが，よく理解していただけると期待している。

2 どうして地下の石油の量がわかるのか
― 埋蔵量と資源量 ―

2.1 石油はどのような状態で地中に存在しているのか

　石油は地下の空洞に，プールの水のように溜まっているのではなく，「貯留岩」と呼ばれる隙間に富む岩石中に浸み込むように存在している。風呂場の軽石が濡れている状態を想像してほしい。石油鉱床は，孔隙（こうげき）に富んだ岩石をあたかも濡らすかのように，その岩体の形状にほぼ沿って分布している。

　貯留岩はおもに，石英などの粒子からなる砂岩，あるいは石灰岩または苦灰岩（ドロマイト）からなる炭酸塩岩が主である。まれに日本の新潟・秋田の油田・ガス田のように，火山岩の一種である凝灰岩が貯留岩となる例もあるが規模は大きくない。世界の巨大油田について見ると，埋蔵量で比較すると砂岩を貯留岩とするものが56％，炭酸塩岩を貯留岩とするものが44％となっている。

　この岩石中の空隙と岩石全体の容積の比率を「孔隙率」と呼び，これが貯留岩の良し悪しを計る指標となっている。砂粒が完全な球形で，均等な大きさであると仮定し，これが最も密に配列された状況を最密充填といっているが（パチンコ玉が何段にも重なっているイメージである），この時の孔隙率は，約26％となる。実際の岩石は粒子の大きさも形状も不揃いなので，孔隙率はどうしてもこれより低くなる。一般的には，15％を超えれば孔隙性は「良好」である。20％を超えれば非常に優れており，5％以下では貯留岩としての能

力は期待できない。炭酸塩岩ではさらに岩石自体が水の作用で溶脱して，大きな孔隙を形成し，孔隙率を高める例も多く見られる。

貯留岩の中での原油や地層水などの流体の通しやすさの指標を「浸透率」といい，単位をミリダルシー（md）で表す。これも貯留岩の性状を示す指標である。これが 10 md を超えれば「良好」であるといえる。

堆積した有機物から石油根源岩（図 2.1）において石油が生成されると，圧力などの関係で隣接している孔隙率の大きい貯留岩に入り（1 次移動），ついで比重差によりその貯留岩内を伝って，貯留岩の中でより上位に移動していく（2 次移動）。

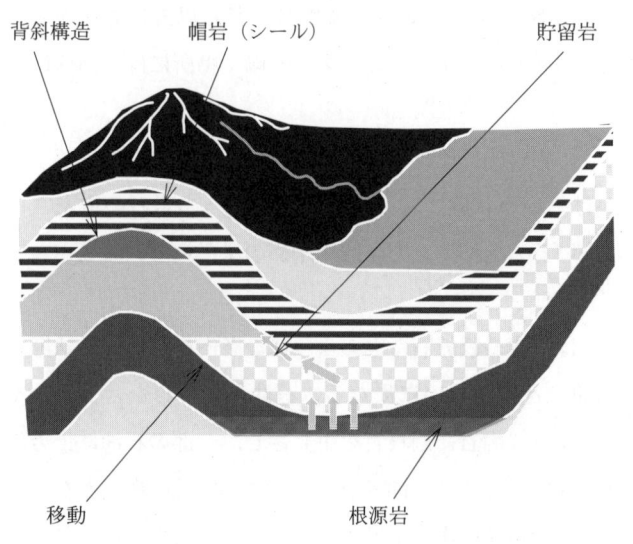

おもに貯留岩の形成する背斜構造に石油が集積する。

図 2.1 石油鉱床の形態

孔隙性のある岩石においては，当初その孔隙は通常は地層水で満たされている。それは，かつて海底で堆積した時の海水がそのまま岩石内に保存されたものであるが，石油が移動してきた場合には，石油の比重は例えば API 比重（米国石油協会比重：数字が大きいほど軽い）35°の中質原油の場合で約 0.85 であるから地層水よりも軽く，地層水を押しのけてより上位へ移ろうとする。この移動の力は，石油と地層水の比重の差から生じる浮力である。

石油が移動して、貯留岩がお椀を逆さまにしたような形態をなしている「背斜構造」と呼ばれる場所に至ると、そこに捉えられるようにして集積する。このような場を、英語では「クロージャー」とか「トラップ（罠）」ともいう。

このとき、貯留層の上位の地層はより緻密な、孔隙率と浸透率ともに低い地層に覆われて、シール性がある必要がある。さもないと、石油はさらに上方へ逃げてしまい、最終的には地表から大気中に放散されて消失してしまう。石油を地下のある場所に押しとどめることのできる緻密な岩石を「帽岩（シール）」といっている。これは、泥岩（硯石や碁石の黒などに使われる石）や、岩塩からできている例が多い。こうして貯留岩の背斜構造の部分に溜まった石油が一般に見られる石油鉱床＝油田である（図2.1）。背斜以外にも、断層、不整合、珊瑚礁などで、同様のシール・メカニズムが働く場所には、同様に石油鉱床が成立する。

ただし、石油鉱床とは、相対的に比重の軽い石油が自らの浮力でもって上位にある帽岩に圧力をかけている状態であって、帽岩は自らの岩石の緻密さによって石油からの押し上げる力を抑え、力学的に平衡の保たれている場となっている。

したがって、石油鉱床は石炭や鉄鉱石などのように地層内に堆積した状態で形成された鉱床（deposit）とはおおいに異なる。石油が集積し過ぎると、その押し上げる力はより高まり、帽岩に割れ目を生じさせ、一部の石油は上方に漏れ出して、やがては地表に達して「石油滲出」あるいは「油徴」となる。これは、大きい場合には石油の池のような光景を呈し、日本でも、新潟県の新津などで見ることができる。地表に見られる油徴は、その地下に石油鉱床のあることを強く示唆する一つの証拠である。ただし、地表に石油が漏れているということは、すでに貯留岩中の大半の石油が逃げてしまっている可能性が高く、必ずしも大油田とはならない。

2.2 石油のあるところはどのようにして見つけるのか

　古代においては，カスピ海のバクーやチグリス河近辺のイラクなどでは，地表に滲み出した石油が，燃料や軟膏の材料として使用されていた。バクーでは，地表に滲み出した石油が採取される様子が，マルコ・ポーロの「東方見聞録」に記されている。やがて19世紀になると，石油滲出地に対して人夫を用いて手掘りで深く掘り進んで石油を採掘するようになったが，井戸の底でメタンガスが充満し掘削人夫が窒息死するという事故も相次いだ。

　機械を用いて井戸を掘る方式は，1859年に米国のペンシルバニア州でドレークが始めたものであるが，その後，この機械掘り方式が世界の標準となった。当初の石油探鉱は，石油滲出地を目安に機械によって井戸を掘ることから始まったものである。

　当時，ランプの燃料としておもに使用されていた鯨油の生産が頭打ちとなっており，急速に石油にとって替わられようとしていたが，需要は急速に高まるものの，石油を発見する科学的な手法がまだ確立していなかった。石油が地下のどのような場所に移動し集積するかについての科学的な解明が進まなかったのである。

　やがて，米国中西部での探査（探鉱）の成果から，油田が地層の「背斜構造」に集中していることが，地質学者のホワイトによって見出され，1884年には地表調査で解明された背斜構造に対して自ら試掘を行ってガス層を発見し，「背斜説」を実証した。

　今日では，石油の探鉱は，まずこの背斜を地表から見つけ出すことから始まる。通常使われる手段は，人工地震を起こし，地下の各地層の境界からの反射波を受信して，そのデータをスーパーコンピューターで解析して地下の地質構造を描き出すというものである。しかし，背斜構造があれば，通常石油があるわけではまったくない。背斜構造で石油が発見される確率は，そうでない場所に比べれば圧倒的に高いが，絶対値ではきわめて低い。

2.3 石油はどのようにして地上に取り出されるのか

　石油を取り出すには巨大な掘削ドリル（リグ）による地下数千mまでの坑井の掘削が必要で，近代以降の石油産業は，世界どこの国でも同様の方法をとっている。パイプの先に超硬合金や人工ダイヤモンドを使ったビットと呼ばれる錐の先端にあたる部分を装着して回転させ，岩石を切り崩して掘り進む。回転をする力は，よく映画などに出てくる地表の掘削装置にある回転テーブルによって与える。これによって掘削用のパイプを伝って，その先端にある地下のビットに回転を伝える。掘削箇所がビットの回転摩擦で焦げ付かないように，ポンプを用いて掘り管内を通り掘削の先端部分から，パイプの外側を通り地表まで「泥水」を循環させ，掘り屑を取り除くとともに，ビットを冷やす。泥水は，化学合成した薬剤であり比重を調整する。

　一定区間を掘り進むと，ケーシングという鋼鉄管を下げて坑壁から遮蔽し，かつその間をセメントで固める。このようにして井戸を補強しておかないと，掘り進んだ坑壁が時間とともに崩れてくる。これを何段階か行うのである。油層を掘り当て，当初の目的の深度まで掘削し終えると，最後のケーシングを下げる。

　つぎに，油層のある地層区間に対して，火薬でケーシングを貫いて穿孔する（「ガンパーフォレーション」という）。これによって，油層と地表が「つうつう」の状態になるわけであるが，通常はケーシングの内側を満たしている泥水を，あらかじめ測定してある油層の圧力に対して，さらに1〜2割上回るような比重にしており，油層の中の石油は圧力的にコントロールされた状態になっている。穿孔した区間の上位にパッカーをセットして，さらにパイプで穿孔区間と地表とを，より細いパイプ（「チュービングパイプ」という）で繋ぐ。地表には「クリスマスツリー」と呼ばれるバルブをもった坑口装置をセットする。これは，なんとなく形がクリスマスツリーに似ていることから名付けられたものであるが，何か月もかけて井戸を掘ってきて，石油を発見し，こうして

石油を生産できる状態をして（「仕上げる」という），坑口装置をつけ終わったときの掘削エンジニアの気分は，クリスマスツリーを飾ったときの子供の気持ちに幾分か近いかもしれない。こうして，石油は地表に取り出せる状態になった。後は，セパレーターで随伴ガスを分離し，パイプラインに繋げるだけである。

前述のように，石油の比重は中質油で約0.85であり，その周辺にある地層水の比重が1前後であるので，この比重差で石油は通常自噴する。パイプを繋いだだけで，原油が自動的に噴き上がってくる。

坑井がこの状態になっている時期を「黄金の自噴期間」ともいう。コスト的にも安く，操業もより容易だからである。やがて，油層圧力の低下とともに，ポンプによる採油が必要になり，操業コストは上昇する。

米国陸上の油田地帯でよく見かけ，TVニュースの映像などにしばしば登場するのは，サッカーロッド・ポンプという旧式のもので，地表で上下に動く姿形が似ているためにロバ（ドンキー）とも渾名されるが，通常大油田で使用されるのは坑井底に設置されるサブマーシブル・ポンプで，地表からはわからない。

石油＝油田を発見し，開発生産する原理は以上のようなことであるが，実際に油田を発見し，開発生産するのは技術的・資金的・マネジメント的にきわめて困難な事業である。

まず，石油を貯留していそうな地質的条件が満たされている地域で，背斜構造やほかの地質トラップ構造を発見するには，人工衛星写真による有望地域の広域的絞り込みに始まり，地表での人工地震探査などに膨大な作業とお金が必要であり，これまで全地球上の地表であまねく探査がなされているわけではない。有望地域の数十平方kmの地表探査を行うのに，スーパーコンピューターなど最新技術を用いて数十億円のコストと数か月の時間が必要である。

この結果，運良く有望な地質トラップ構造を発見した場合，今度は実際に石油が埋蔵されているかどうか，巨大な掘削リグを使用して試掘井を掘削する必要がある。通常は深度数千mまで数か月の時間と，数十億〜百億円単位のコ

ストがかかる。それで，石油が発見される確率は1割前後である（地域により大きく異なる）。世界で平均すると，一つの商業規模の油田を発見するのに，10坑前後の試掘井を掘削する必要があり，すなわち数年の時間と数百億円の資金が必要となる。

このため，世界中の石油が埋蔵されている可能性のある地域（「堆積盆地」という）における探鉱密度は，北米や北海を除くと，現在でもかなり低く，世界中で網羅的に密度高く探査が行われたわけではない。ここで気をつけなければいけないのが，探査は横方向の地理的・面的な広がりだけではなくて，縦方向の深度的な広がりもあることである。かつて浅い地層深度で密度濃く探査した結果，油田発見ができなかった場所において，時代を経て新たに深度を変えて探査した結果，大油田が発見されるケースは非常に多い。

2.4 石油の埋蔵量と「可採年数」

1章でも簡単に触れたが，1970年代には「石油はあと30年」といわれていたが，現在では「石油はあと40年」といっている。

この間にどんどん使用してしまったのに，逆に増えているじゃないか，一体どうなっているのか，とはよく受ける質問である。

石油があと40年というのは，「可採年数」という指標のことで，現在の確認可採埋蔵量（BP統計では2007年値で1兆2379億バレル，統計によりばらつきがある）を，現在の年間消費量（2007年値で298億バレル）で割った数字である。正確には2007年値で41.5年となっている。

ところが，石油には確認埋蔵量より，存在の確からしさがやや下がる推定埋蔵量というカテゴリーもある。すでに発見済みの油田でも，新たな油層や広がりが確認されれば，これまでおそらくあるだろうということで推定埋蔵量のカテゴリーに入っていた量が，確実にあるということで当該油田の確認埋蔵量のカテゴリーに移ることになる。また，生産回収技術が進歩した結果，回収率が向上して確認埋蔵量に追加される。これを「埋蔵量成長」といっている（5.1

節参照)。

　さらに，石油会社は新しい油田の発見に日々努めている。巨大油田の発見は大ニュースにもなり，新規発見油田は発見後に確認埋蔵量に繰り入れられるし，いったん繰り入れられた後で，何年後かに埋蔵量成長してさらに確認埋蔵量の追加量として寄与してくる可能性が高い。

　石油は毎年約300億バレル，日量に直して約8200万バレルが消費されるが，同時に，新規発見と埋蔵量成長により，新たに確認埋蔵量が追加され，これが現在では消費量とほぼ等しい毎年300億バレルである。出と入りが拮抗しているのが最近の状況で，近年は約40年という可採年数がほぼ同じ水準に保たれている。個別の石油企業は，毎年生産して売る石油の量を，新規の発見埋蔵量で毎年補ってゆく。両者の比率をリプレースメント(「置換率」)といっているが，これを100%以上に保つことが，会社としては最重要の営業目標である。家計に例えれば，貯金が目減りしないよう，使う以上に稼ぐということである。

　昔は可採年数が30年で，いまは40年に増えているというのは，石油会社の努力もあって，この間に追加された確認埋蔵量が消費量以上になって，結果として確認埋蔵量水準が積み上ってきたということである。月々の給与で生活しながら貯金を上乗せしてきたといってもよい。

2.5　埋蔵量の定義と可採埋蔵量と究極資源量の持つ性格

　地表に分布する資源であれば，その規模は直接手で計測できるが，石油のような地下にある資源の量を推測するのは，さまざまな前提を置き，科学的な世界共通の手法に拠る必要がある。

　さらに，ここでいう埋蔵量には，何段階ものカテゴリーがあって，混乱しがちである。地域間で埋蔵量を比較するには，同じカテゴリーどうしで行わなくてはならない。

　まず区別しなくてはならないのは，可採埋蔵量 (recoverable reserves) と

原始埋蔵量（original oil in place）という二つの概念である。原始埋蔵量とは，地下の貯留層にあると推定される石油の総量である。これは通常は，以下のような「容積法」により油田ごとに算定される。

　　　　原始埋蔵量＝油層面積×有効層厚×孔隙率×油飽和率÷容積係数

ここで，容積係数とは，地表条件での容積が，地下の油層にあったときの条件でどの位の値になるかを容積の比率で示したものである。天然ガスの場合は，温度と圧力条件の変化のみであるが，石油の場合には溶解していたガスが地表では随伴ガスとなって分離する分，容積が大きく減ずるのでその補正が必要になる。

こうして求めた容積であるが，そのままの量が採り出せるわけではない。地下にある石油は，貯留岩の浸透性，構成粒子間で生じる毛細管圧力，油の粘度，採油法による制限などから，これまでの生産回収技術では，その30％程度しか採取できなかった。この比率を「回収率（recovery factor）」と呼び，原始埋蔵量に回収率を乗じた値が可採埋蔵量である。近年，この回収率が一般に，水平坑井掘削技術などの技術革新により大きく向上してきており，すでに発見済みの古い油田の可採埋蔵量が増加修正されてきている。これも埋蔵量成長の一つといえる。

天然ガスの場合の回収率は70～80％と格段に採りやすい。ただし，「可採」であるという条件は産業という立場から見れば当然なので，省略されて単に「埋蔵量」と称されることが普通である。したがって，普通は単に埋蔵量といえば，残存している（未生産の）確認可採埋蔵量のことであり，最も保守的，最も少な目の埋蔵量である。

つぎに，「可採」であることを前提に，埋蔵量は確認埋蔵量と未確認埋蔵量とに分けられる。1987年の世界石油会議において公表された定義によれば，確認可採埋蔵量（proved recoverable reserves）とは，計算された時点で既知の油層から地質的，工学的なデータに基づき，その時点の経済条件と技術レヴェルで確実に回収可能な量を指す。

これに対して，未確認埋蔵量（unproved recoverable reserves）とは，既発

2.5 埋蔵量の定義と可採埋蔵量と究極資源量の持つ性格

見鉱床に対して地質的, 工学的データに基づき石油の存在が一定以上の確度で示唆され, 経済的な回収が将来見込まれる可能性が高いが, 確実ではない量である。この埋蔵量は, その確かさの度合いに応じて, 確度のかなり高いものを推定（probable）埋蔵量, より低いものを予想（possible）埋蔵量と呼ぶことがある。また, 近年では, これら未確認のものを一括して埋蔵量ではなく資源量（resources）と呼ぶのが一般的になってきた。これとは別に未発見の資源量が存在する。

3 そもそも石油とはなにか
― 石油の定義 ―

3.1 「石油」という言葉

「石油」という名称は，今日"petroleum"の訳語として用いられている。これは，ラテン語の petra（石の意味の女性名詞）と oleum（油の意味の中性名詞）を組み合わせた造語に対応したものである。しかし石油という言葉は，本来は中国に起源のある漢語である。これは宋代の科学者沈括（1031～1095）が，陝西省延長付近の石油滲出地を調査して命名したもので，沈括の『夢渓筆談』には「石油至多主於地中無窮」と，石油が地下に豊富に見られる旨の記述がある。そして1907年には，この「延長油田」において，機械による油田掘削が開始され，中国における近代石油産業の誕生地となった。日本では，『日本書紀』の巻第二十七の天智天皇の巻で，越の国から「燃水（もゆるみず）」が献上されたとの記述が，最も古いものである。これは新潟県の石油のことと思われる。

ただし，今日の定義では「石油」という名前の単一の物質は存在しない。これは，原油とそれを精製したガソリン，灯油，軽油，重油などの石油製品の総称として用いられている。また，原油自体も，炭素数が5の非常に軽いペンタンから，炭素数が数十の非常に重い，すなわち分子量の多い炭化水素まで，さまざまな種類の炭化水素の混合物であり，精製されたガソリンなどの石油製品でも，単一の物質ではなく分子量が近いさまざまな炭化水素の混合物である。通常，原油といった場合，API（米国石油協会）比重が20°以上（通常の比重

単位では 0.93 以下）で常温常圧下において液体状の炭化水素の混合物をいい，これが在来型原油と呼ばれるものである。

　世界の石油企業といえば，原油を採掘し，精製して石油製品として販売する会社のことを指し，石油のバラエティに対応しているようである。日本では，石油生産を行ういわゆる「川上」を扱う石油会社と，石油の精製・販売を行う「川下」となる石油会社が別個に分かれている印象が強かったが，主要企業では収益性の高い川上事業の比重を上げてきている企業も多い。

3.2　重質油（ヘビーオイル）とはなにか

　通常原油と区別はされるが，在来型原油の一つとされる重質油は，API 比重で 10 〜 20°（または 22.3°）の範囲と定義される。API 比重の 10° というのは，通常の比重表記では 1 に，20° は比重 0.93 に相当し（API 比重では数字が小さいほど重い），20° 以上の軽質・中質の「通常原油」とは区別されている（ただし，日本の石油精製業界では，「通常原油」を，さらに軽質・中質・重質に分けて呼称しており，ややこしい）。重質油と軽質油との比重の違いは，炭化水素成分の炭素と水素の全体的な含有比率が，炭素分が多くなるに従って重くなるということからきている。

　一般に重質油は，単に重いだけではなく，油が油層内を流動して坑井に排出されるまでのエネルギー（排油エネルギー）だけでは埋蔵量のほとんどを回収できないものをさす。このため，生産に当たっては，水蒸気攻法，火攻法などの熱回収法，ポリマー攻法など，EOR（増進回収法）と呼ばれるなんらかの人工的な採油補助手段が必要となる。さらに，地上に採取した後，そのままでは流動性が悪くて輸送が困難なため，井戸元において改質プラントを設置して軽くするか，通常原油と混合させて輸送可能にする必要がある。このような事情から，世界的に重質油の資源量は膨大だが，開発・生産は現時点でいまだ本格化していない。

　その資源量は，国連 UNDP レポートによると 7 000 億バレル以上あり，約 3

割が（可採）埋蔵量，7割が資源量と認定されている。地域的には50％がベネズエラに集中し，残りはロシア，クウェート，イラク，メキシコ，中国などに分布している。

　これらは，深度の浅い貯留層に集積したり，集積後の地殻変動で地表近くまで貯留層内が移動すると，原油は圧力の低下により軽い揮発成分が散逸したり，地表から流入した天水に接してバクテリアによる「生物劣化作用」を受け，重質に変化した結果である。

　経済的に採算の取れる生産コスト（2005年現在）は，バレル当り20～40ドルとなり，在来型原油（25USドル以下）に比較してかなり高めであるが，資源価格が高騰している最近の状況から大いに注目を集めている（図3.1）。

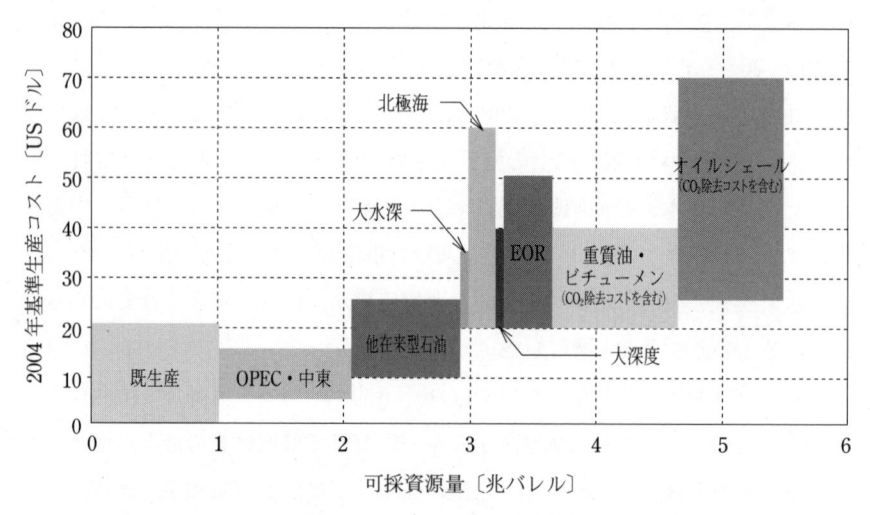

図3.1　重質油・オイルシェールなどの生産コスト[7]

3.3　超重質油・ウルトラヘビーオイル（ビチューメン）とはなにか

　API比重10°以下のものを超重質油（ウルトラヘビーオイル）と称する。世界では，カナダのオイルサンドがAPI比重6～12°，ベネズエラのオリノ

3.3 超重質油・ウルトラヘビーオイル（ビチューメン）とはなにか 33

コタールは API 比重 5〜20°とやや幅があるが，通常は超重質油の範疇に入れている．これらは非在来型石油資源とされる．

カナダのアルバータ州北東部には，広大なオイルサンド鉱床が広がっている．これは，ロッキー山脈と東方の基盤岩露出地域であるカナダ楯状地の間に広がる西カナダ堆積盆地の，よりカナダ楯状地に近い東側の部分である．オイルサンド鉱床は，中生代白亜紀のマクマレー（McMurrey）層砂岩が，東方のカナダ楯状地に向かって深度が浅く，かつ薄くなり，地表に限りなく近づいた地域に広がっている（**図3.2**）．地層内を数百 km 東方に移動した石油は，深度が浅くなることにより，揮発分が失われ，かつ天水の影響で水に溶け易い芳香族などが除かれ，微生物による生物劣化作用を受けるなどして超重質成分だけが残った．

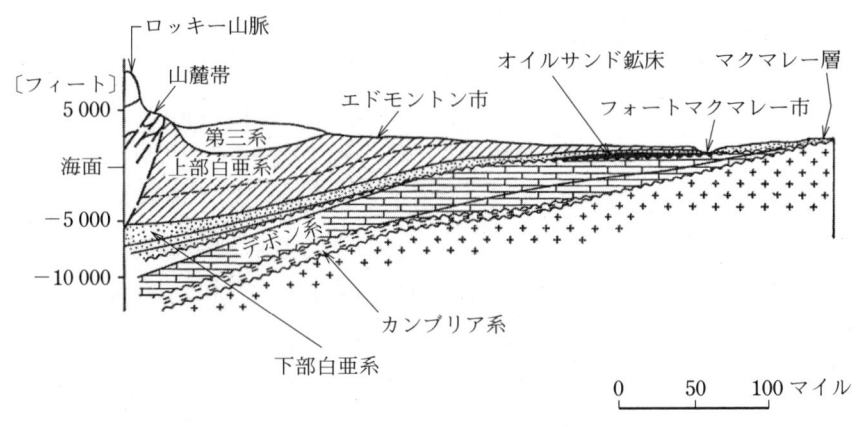

地下深部で形成された石油は東方へ大きく移動し，浅くなってオイルサンドという重質油鉱床を形成した．

図3.2 西カナダ堆積盆地の地質断面図

この可採埋蔵量は現時点で 1 740 億バレルであり，これと通常の原油埋蔵量 52 億バレルを加えると，カナダの石油埋蔵量は 1 792 億バレルとなり，サウジアラビアにつぐ第 2 位の石油資源国とする見方もある．オイルサンドの現時点での可採年数は実に 450 年にも及ぶ．非在来型資源の開発が，炭化水素資源，すなわち石油系資源の将来を左右するといっても過言ではない．

ベネズエラのオリノコ（Orinoco）・タールサンドも基盤岩である楯状地に薄化，浅化する地層に形成されており，類似のタイプの超重質油鉱床である。ただし，その深度は 500～1200 m とカナダの例に比較してかなり深く，それに伴い貯留層の温度も 40～70℃となることから，原油には流動性があり，露天掘りではなく在来型の坑井生産技術でも生産可能である。生産量は 2005 年で日量 62 万バレルであるが，2012 年までに倍増する計画である。

3.4 オイルシェールとはなにか

　オイルシェールとは，基本的に石油根源岩と同一のものといってよい。すなわち，藻類，プランクトンなど起源の有機物（ケロジェン）を多量に含む泥岩であるが，十分な埋没深度に置かれず，地熱による熟成を受けなかったために，石油やガスを排出していない状態，すなわち石油熟成前の岩石である。これを油母頁岩，あるいはオイルシェール（oil shale）と称する。

　オイルシェールから粗油を作るには，まず泥岩を粉砕する。しかる後，乾留炉を無酸素状態にして約 500℃まで昇温すると，ケロジェンが熱分解を起こし，生成物が気体として蒸発してくる。これを集めて水などで直接冷却し，さらに水を分離すると粗油が得られる。これはオイルサンドからの抽出ビチューメンなどとまったく異なり，かなり軽質なものである。

　このような製油の歴史は，おもに西欧で 19 世紀前半まで遡ることができる。これも，それまで鯨油に頼っていたランプ用の油に供するものであった。中国の旧満州の撫順炭鉱では，日本の満鉄により 1929 年からオイルシェールの製油が始められた歴史がある。

　オイルシェールは，1970 年代の二度にわたる石油危機をきっかけとして，産業化が進められたが，その後 1980 年代半ばからの石油価格下落から，一転して下火となった。現在のオイルシェールの生産コストは，国際エネルギー機関 IEA によれば，バレル当り 25～70 ドルとなっており（図 3.1：2005 年現在），再び産業化への期待が高まっている。

世界のオイルシェールの原始埋蔵量は2.6兆バレルと評価されているが，これはアクセスの容易な鉱床に限られることから，控えめな数字と思われる．最大の鉱床は米国中西部のグリーン・リバー層で，分布深度は50 m，原始埋蔵量にして1.5兆バレル，世界の58％を占め，ついでブラジルに22％が賦存する．現在の生産国としては，エストニア，ブラジル，中国（撫順）の順であるが，生産量は非常に小さい．

3.5 天然ガス液（NGL：コンデンセート）とはなにか

このつぎの章で説明されるが，石油と天然ガスは起源が同根の資源であり，両方ともさまざまな炭化水素の混合物である．違いは，天然ガスの場合はメタン（C1）を主成分としてブタン（C4）までの，分子量が小さくて1気圧下ではガス体の炭化水素混合物であるのに対して，石油はペンタン（C5）より分子量が大きいものの混合物であることである．

通常，ガス田から天然ガスが生産されると，ブタンまでの天然ガス成分だけでなく，ペンタンなどの比較的分子量の小さい液体炭化水素も随伴生産されてしまう．ガス田には埋蔵量として，これら非常に軽い石油成分も大量に含まれていることが普通であり，これらは地下のガス層内の高圧・高温下ではガス体として存在しており，天然ガス成分とともに地表まで生産されて常温常圧下に置かれると液体化する．これらの地上で液体化する成分はコンデンセート（天然ガソリン）と呼ばれる．

また，天然ガス成分の内，プロパンとブタンは，常温下で若干の圧力を加えると簡単に液体化して輸送が容易になるので，液化石油ガス（LPG）とも呼ばれる．どちらも石油よりクリーンで有用な燃料である．このコンデンセートと液化石油ガスの二つを総称して天然ガス液（NGL）と呼ぶことがある（米国とそれ以外で語義が若干異なる場合がある）．

どちらも，在来型原油とは異なり石油埋蔵量統計や生産量統計では，含まれていない場合も多い．ところが，将来は世界的に天然ガス生産量が大幅に増加

する見通しであり,随伴生産されてくるこの天然ガス液の石油埋蔵量・生産量への寄与というのも非常に大きい。米国ではすでに石油生産量の1/4にまでなっており,いずれ世界も同様になると予想される。

4 石油はどのようにしてできたか
─ 石油の起源 ─

4.1 石油の起源は？

　石油の由来については，今日，「ケロジェン起源説」として，ほぼ定説となっている。ケロジェンと（「油母」ともいう）は，プラントンの遺骸など生物由来の高分子化合物が堆積後に，高い地熱と圧力で化学的に熟成変化したものを指す。

　このような有機物は，酸素の少ない還元的な環境で，かつ泥岩などの細粒の細粒物質の堆積し易い静かな場所で堆積したもので，泥岩などと一体化している。これに含まれる有機物，すなわちケロジェンの総量が1％以上あるものを，石油根源岩と通常見なしている。

　このケロジェンは，水素/炭素（H/C）と酸素/炭素（O/C）の原子比を求めて，藻類起源でより水素の多いI型ケロジェンから，中間的なII型，より高等植物起源で酸素分の多いIII型まで三つのタイプに分類される。石油が多く生成されるのが，I，II型で，天然ガスが多く生成されるのがIII型である。このケロジェンは，地下に埋積され，さらに追加的な堆積の進行でより深部に沈降していくにつれ，温度と時間により，熱分解されて石油に変化していく。

　このような石油根源岩の堆積する環境として，湖，閉ざされた海盆，深部の海盆などがある。

　現在それが見られる場所としては，内陸の湖としては中部アフリカのタンガ

ニーカ湖などの湖底，閉ざされた海盆としては黒海などが代表的な例である。黒海という名称は，ボスポラス海峡で閉ざされているために，海水の循環が表層部に限られ，それ以深では停滞して広く還元的な環境となり，海底に有機物や硫化水素，それに伴う硫化鉄が堆積して，海面から見ても一種独特の黒い印象を与えることから名付けられたものである。

　世界の根源岩の約半分が恐竜の全盛期である中生代のジュラ紀後期から白亜紀前期に堆積した地層に集中している。この時期の地球は，非常に高温で，極地には氷の発達が見られなかった。このため，今日見られているような極冠から赤道近くの深海底まで至る海洋大循環がこの時代には形成されず，海底で還元的な環境が維持され，有機物を多量に含む石油根源岩が形成されたと解釈されている。

　石油の生成速度はきわめてゆっくりとした数十万年〜数千万年単位の地質学的時間である。オイルサンドなど非在来型資源や回収不能な，あるいは発見不能な資源量を含めて，現時点で地球上の総石油系資源量は，図1.5に示したエクソンモービル社の推定を元に20兆バレル程度と考えられる。平均熟成期間を百万年として単純計算すると，年間の平均石油生成量はせいぜい数十万〜百万バレル単位ということになる。現代は，地質時代的に見ると気温が比較的低くて還元的な環境にもないので，石油生成量はジュラ紀・白亜紀などに比較すると著しく少ないと考えられている。

　一方で，現在の石油の消費速度は年間約300億バレルと5桁以上違う早さであり，しかも加速度がついているため，このまま推移すると，百年単位で見て100％確実に可採資源量は枯渇してしまうことになる。現世人類の観点からは，事実上石油は新たに生成されないと考えるのが妥当である。

4.2　油田のある地域に偏りがあるのはなぜか

　地殻は，基本的に基盤岩とそれに載る被覆層で形成される。基盤岩は，火山岩や変成岩などからなり，地球上では非常に古い地殻からなる安定大陸地域

（大陸の中心部など）において地表に露出している。ここでは，石油の生成は期待できない。被覆層の内，風化・侵食され運搬された砂岩・泥岩などが盆地上の基盤岸の上に厚く堆積している地域を「堆積盆地」と呼び，生物死骸などの有機物を多く含み，石油の生成が期待される。特に，石油根源岩と貯留岩が十分に発達し，地殻の構造運動などで大きく破壊されていない地域では，油田地域として成立する可能性が高い。

石油の分布域として，まず火山岩層など基盤岩露出域が除かれるが，堆積盆地が必ずしも良好な石油地帯となるわけではない。堆積物は3 000 m程度以上の十分な厚さが必要であるし，地殻変動によって過度の褶曲があると適性なトラップが形成されない。世界では約40 000の油田がすでに発見されているが，その埋蔵量の7割弱が，単体で5億バレル以上の可採埋蔵量を有する約500個の「巨大油田」に集中している。そして，石油はこのような巨大油田の成立し易い堆積盆地に偏在する傾向がある。

サウジアラビアやアラブ首長国連邦などのあるアラビア半島の油田地帯は，おもに中生代ジュラ紀，白亜紀の炭酸塩岩が優れた石油根源岩，そして貯留岩となっている。ここには，世界最大のガワール油田（究極可採埋蔵量830億バレル）が成立している。西シベリア堆積盆地では，ジュラ紀層の最上部に「バジェノフ層」という有力な石油根源岩があり，上位の白亜紀層の砂岩が石油貯留岩となり，世界で有数の油田地帯となっている。石油地帯の有望性については，石油根源岩の優劣が最も大きい要素といえる。

4.3 石油・天然ガス，石炭の成因はどのように異なるのか

石油と天然ガスは，ともに石油根源岩においておもにプランクトン死骸起源のケロジェンから発生したもので，特に天然ガスについては前述のようにIII型に近いケロジェンからが形成されやすい。また，I，II型のような石油になり易いケロジェンにおいても，続成作用の初期段階には未熟性のメタンを中心とするガスに，ついで埋没深度の増大とともにケロジェンから石油が生成され，

埋没深度が大きくなる後期段階ではいったん石油になったものが熱分解されて過熟成のガスになるケースがある（**図4.1**）。石油も天然ガスも，根源岩から浸透性の高い地層へ（1次移動），さらに浸透性の高い地層内を背斜構造などのトラップへ（2次移動），それぞれ移動するという点では共通で，ほぼ兄弟のような関係といえる。

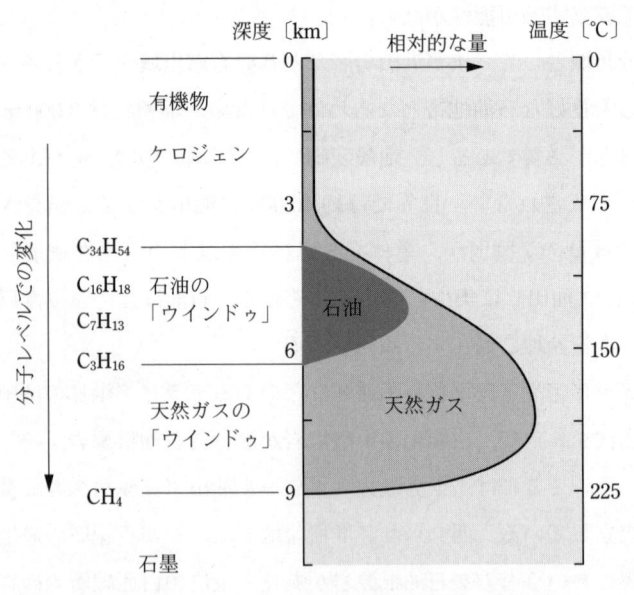

図4.1 ケロジェンからの原油の生成〔出典：JOGMEC〕

　一方，石炭は陸生の植物が倒れた後，水の働きで多量に掃き溜められ，堆積して地層として保存されたもので，比較的早い時期に上位に新たな堆積物が載ることにより埋没するなどして酸化を免れるという特殊な条件で成立している。還元環境下（無酸素状態）にあったことは，炭層に酸化鉄ではなく硫化鉄が含まれることで知られる。

　植物遺骸が石炭になるまでには，十分な温度と時間が必要である。石炭は，堆積した場所から移動することなくその場で鉱床となるという点で，石油や天然ガスと大きく異なるが，元が生物起源の有機物成分ということでは共通しており，親戚のような関係といえる。

4.4 石油の無機起源説

　石油の無機起源説は，古くは旧ソ連において唱えられた説で，マントルなどのある地下深所で，地球生成時に取り込まれた宇宙起源のメタンが熱と圧力で化学変化して石油が形成され，そこでの断層を伝って，浅いところまで上昇して油田が形成されたとするものである。最も軽い炭化水素であるメタンガスは，炭素原子1に水素原子4が付いたもので，有機物の中で単純で安定的な構造をしており，自然界では宇宙空間に広く大量に分布している。木星や土星の大気はほとんどメタンであり，隕石や彗星にもメタンの存在は確認され，地球の原始大気にも多く含まれていたと思われる。これらは生物起源ではない。よって，地球の地下深部に無機起源のメタンが存在することは，おおいにあり得ることと思われるが，地表付近に商業量の石油集積を形成しているかどうかはまったく別問題である。

　堆積層の下位の基盤岩層（火山岩，変成岩など）に石油が賦存している例として，ベトナムのランドン油田，日本のグリーンタフ層などがあり，無機起源の可能性を示唆するとの見解もある。

　しかし，このような事例は，いずれも石油を生成する堆積盆地内で起こっており，むしろ，通常の有機起源の原油が，毛細管圧によって下方移動することにより形成されたものと解されている。

　石油の生成する堆積盆地以外で見られたもので，無機起源と思われる炭化水素の例としては，フィンランドに近いロシアのコラ半島が挙げられる。これは，1970年代に，花崗岩体に対する大深度掘削により，深度12 000 mの地点でC1（メタン〜）からC5（ペンタン）までの炭化水素を見たものである。

　最近では，上部マントルに相当する高温・高圧を再現した条件下で，炭酸塩鉱物，水と触媒を入れたところ，フィッシャー・トロプシュ反応によりC1（メタン）からC6（ヘキサン）までの炭化水素の生成に成功したとの実験が報告されており，無機起源の石油の存在は可能性として否定できない。しかし，無

機起源説は，あくまで仮説として研究段階であり，これまでのところ経済性を有する鉱床を形成するほどの規模での集積は確認されておらず，産業として成立する見通しは残念ながら現時点ではない。

5 石油の量をめぐる議論
― ピークオイル論の評価 ―

5.1 米国地質調査所の評価

　米国地質調査所（US Geological Survey：USGS）は，これまでも系統的に世界の石油・天然ガス資源量に関する調査を行ってきたが，2000年に発表されたいわゆる「USGS 2000」という調査報告[5]は，包括的かつ詳細なもので，多くの研究所や石油企業がこれを標準的な調査成果として踏襲している。これは，世界を8地域に分け，さらに石油の生成する堆積盆地937の内，409について，石油鉱床が成立するための地質要素である石油根源岩，貯留岩，帽岩，背斜構造などの形成条件と，石油の生成，移動，集積というプロセスを包括的なシステムと捉える「石油システム」の観点から解析し，2030年までを視野に入れて埋蔵量の推計を行ったものである。

　その結論として，1996年時点における値で，世界の石油の究極資源量（究極可採埋蔵量）を平均値で3兆210億バレルとしている。内訳は，在来型石油の既往累計生産量を7100億バレル，確認埋蔵量を8910億バレル，埋蔵量成長6880億バレル，未発見資源量7320億バレル（ただし，2030年程度までに発見される可能性のある量に限られる）としている。**図5.1**はその結論と，5.3.3項で触れるキャンベルらによる「安い石油がなくなる」[8]という論文に記されたより悲観的な究極資源量評価を比較して示してある。

　この調査の最大の特徴は，埋蔵量成長を大きく見込んだことにより，地球全

5. 石油の量をめぐる議論 — ピークオイル論の評価 —

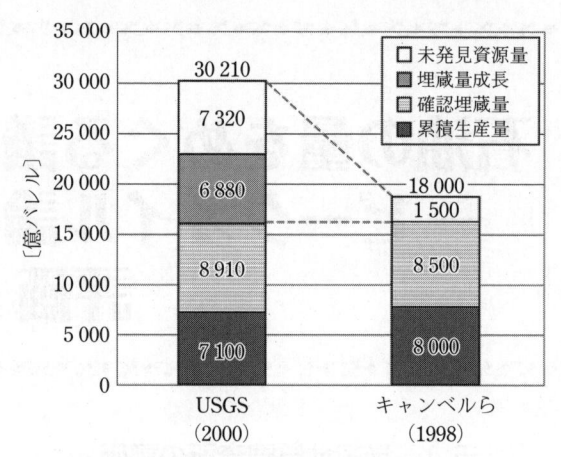

図 5.1 「USGS 2000」の評価とキャンベルらの 1998 年の石油埋蔵量評価の比較

体の在来型原油の究極資源量がこれまでの推定より，かなり大きい 3 兆バレルになったことである。埋蔵量成長とは，すでに述べたように油田を操業している過程でほぼ共通して経験する事象で，油層の広がりそれ自体が当初想定以上であった場合（生産井を逐次追加掘りして確認），油田の周辺の新規サテライト構造の追加（追加地震探鉱により確認），油層の下位，あるいは油層の間での新規油層の追加（探掘井・生産井の掘削で確認），油価や契約条件の変化による埋蔵量の評価替え，および生産回収技術の革新などにより，油田の埋蔵量が生産開始後何年かを経て，当初評価と比較して増加する現象をいう。米国における多数の油田の経験では，この増加分は平均して 77 % と，大変大きなものである。「USGS 2000」の最大の特徴は，この埋蔵量成長の効果を資源評価の中で位置づけたという点であるといえる。

図 5.1 での世界の確認埋蔵量 8 910 億バレルは，米国の IHS Energy 社という世界最大の石油コンサルタントの保有する油田データベースに基づくもので，世界の石油会社から提供される情報により，逐次情報を更新している。そして，この値に，経験則で得られた 77 % という埋蔵量成長率を掛けたのが，図 5.1 における埋蔵量成長というカテゴリーである。

「USGS 2000」は，その後の 10 年間のデータをもとに検証が近年行われた

5.1 米国地質調査所の評価

が，グリーンランド東海岸を含む北極圏など，一部は改訂されているものの，3兆バレルという資源量の大枠の結論は引き継がれている。

これらの埋蔵量の概念の関係をまとめたものが，すでに見た図1.1の資源ピラミッドである。ここでは，頂部付近に技術的にも経済的にも最も採取の容易な鉱床が位置し，下位にくるほど，これらの条件がより困難となる鉱床が位置する。なお，数値は，「USGS 2000」の値によっている。

累積生産量（既生産量）は，150年に及ぶ石油産業の歴史で生産されてきた量であるが，ペンシルバニアやバクーのように，鉱床が浅く，消費地に近い通常の気候の地域の初期の油田を頂点に，ついでベネズエラや中東で続々と発見された大油田など，比較的採取の容易なものから生産が行われてきた。そして「USGS 2000」の調査時点である1996年でこの量は7100億バレル，毎年約300億バレルがその後も生産されてきており，10年後の2006年時点で約1兆バレルが既生産となっている。

その下位の確認埋蔵量（可採埋蔵量）は，1996年時点で8910億バレルと算定されているが，これは情報ソースにより若干の違いはあるものの，最近では1兆バレルを中心とした値である。年間300億バレルの石油が生産されるということは，それだけの量がここから上位の累積生産量のカテゴリーに移行していることになる。確認埋蔵量のさらに下位は資源量の領域で，今後見込まれる埋蔵量成長と未発見資源量がここにある。ここも新規油田の発見や埋蔵量成長により，年間300億バレル程度が上位の確認埋蔵量のカテゴリーに移行している。

このようにそれぞれの境界を下に押し下げる原動力は，探鉱投資，インフラの整備，回収率の向上などに見られる技術革新，そして価格や税制など経済条件の改善などのインセンティブである。

では，その下限はどうであろうか。新規の石油開発投資や技術革新により，その下限値はさらに押し下げることが可能であるかも知れない。しかし，それを漫然と期待するべきではない。投資や技術革新のための研究開発を進めると同時に，石油から天然ガスへのシフト，さらに省エネルギー，代替エネルギー開発を社会全体の問題として推進することが必要である。

5.2 究極資源量の変遷

在来型石油に関する地球の究極資源量（究極可採埋蔵量）は，累積生産量＋確認埋蔵量＋未確認埋蔵量＋（埋蔵量成長）という3ないし4カテゴリーの合計で表される。このような調査の嚆矢となったのは1942年のWeeksという地質学者による調査で，地球全体の究極資源量は6 000億バレルというのが結論であった。これは今日までに消費してしまった量の半分強の量であり，明らかな過小評価であった。その後のスタディは，当時中東を中心に続々と発見されていた巨大油田の成果を踏まえて，究極資源量も増加を続けていたが，1970年代，80年代は2兆バレルというのがほぼ一致した見解であった（図5.2）。90年代にも，2兆バレル以下とする推定が依然として散見するが，これは後述する「ピークオイル論」の主唱者であるキャンベルらがその前提としている非常に悲観的な埋蔵量である。2000年の3兆バレルという評価は，前述の「USGS 2000」によるものである。総じて，世界の究極資源量に関する評価は，

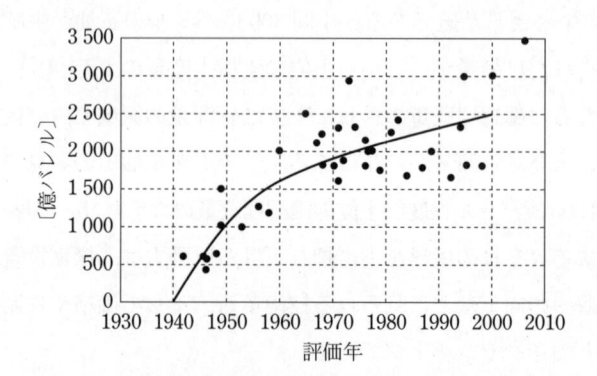

図5.2 世界の究極資源量に関する1942～2008年までの調査結果の比較[10]†

---

† 米国地質調査所の「USGS 2000」が評価していなかった約500の堆積盆地の評価を加えた油田規模分布によれば，残存可採埋蔵量（確認＋埋蔵量成長＋未発見）は3.561兆バレルという研究結果が最近報告された[9]。

時間とともに漸増基調にあるといってよい。これは，世界的な探鉱の進捗で，今日でも新規地域で大規模な油田が発見される傾向が続いており，またこれまでの埋蔵量成長が大きく寄与しているからである。

5.3 ピークオイル論の内容詳説と理論的問題点

5.3.1 ハバートの元祖ピークオイル論

すでにこれまでの章で何回か簡単に触れられてきたピークオイル論について，昨今その社会的影響が看過できないほど大きくなっていたので，ここでその内容について若干詳細に紹介しよう。

地下資源が有限であることは産業社会の到来以来，つねに意識されてきたことであるが，その生産量が増大し，やがては衰微する一つのサイクルを描くであろうというのは，20世紀の前半までは必ずしも一般的な考えではなかった。米国シェル社の地質専門家ハバート（Marion King Hubbert）は，1949年にいち早く化石燃料の生産量のサイクル性を指摘している。

ついで1956年に，ハバートは，米国の原油生産が左右対称のベル型のカーブを描いて推移し，そのピークが1960年代後半頃に当たると予測し，多くの議論を呼んだが，その後の米国の原油生産がハバートの予測にほぼ近い履歴を辿ったことから，一躍その分析は資源生産予測の基本的な方法論と目されることになった。この論文でハバートは，全米の石炭の生産履歴から生産増加が持続的でないことを指摘し，原油に関してもその生産量においてサイクル性があるとして，減退率は増産率と同等で左右対称のカーブになり，このため究極資源量の半分を消費した時点がピークとなるとした。

この考えに基づき，ハバートは全米の原油の生産履歴に関して類推を行った。米国の究極資源量については，1500億バレルとし，生産量のピークを1965年に到来すると予測した（図5.3）。

この有名なカーブでは，究極資源量1500億バレルでの予測ケースに加え，楽観ケースとして，究極資源量を2000億バレルとし，その場合のピーク時期

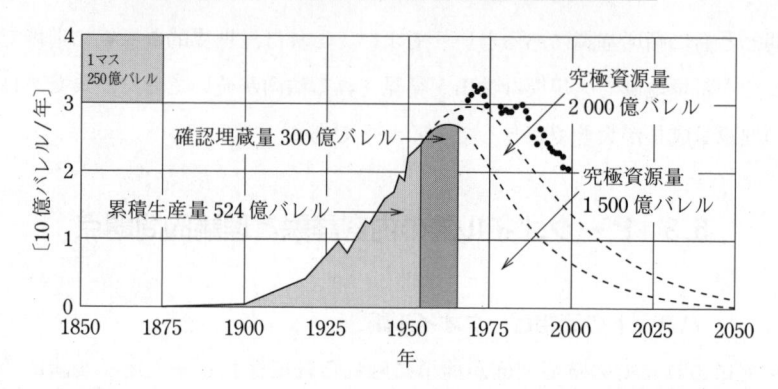

5. 石油の量をめぐる議論 — ピークオイル論の評価 —

図 5.3 ハバート[11]による米国の原油生産予測（点線はその後の生産実績）

を1970年頃としたものも描き込まれている。米国での実際の生産ピークはアラスカを除けば1970年頃であり，これを見事に予言したものとしてこの論文は有名になったが，これは楽観ケースでの予測と一致したというのが実態である。

ついでハバートは1959年の論文で，米国においては発見量の伸びを生産量の伸びが10〜11年遅れて追随している事実を指摘し，ハバート理論のもう一つの柱である「生産カーブは発見カーブに追随する」という考えを展開している。そして，米国における原油の発見ピークが1952〜1953年であることから，生産ピークを11年後の1964年頃と予測している（**図 5.4**）。確認埋蔵量のピークはその中間にくる。Q_D（累積発見埋蔵量），Q_P（累積生産量），Q_R（確認埋蔵量）の時間（t）推移での関係を記述すると以下のようになる。

$$\frac{dQ_D}{dt} = \frac{dQ_P}{dt} + \frac{dQ_R}{dt}$$

さらに，ハバートは生産量推移を導出するために，発見量カーブを単純なロジスティック（logistic）曲線と仮定した。この仮定において横軸に時間，縦軸に発見量を取ると，発見量カーブは発見量ピークに関して左右対称形となり，発見量ピークは究極資源量（究極生産量ともなる）の半分を発見した時点となる。

ここで用いられるロジスティック曲線とは，マルサスの人口の指数関数的増

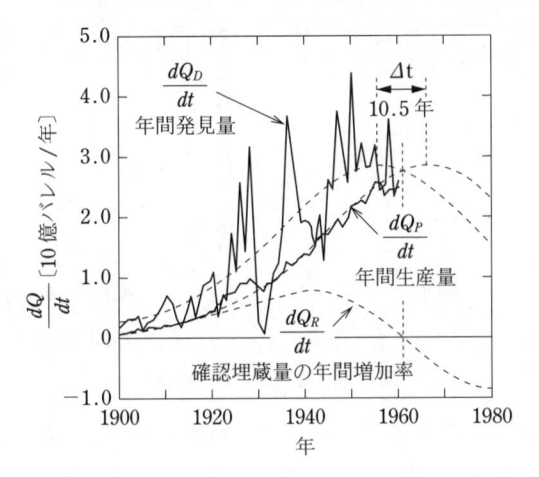

5.3 ピークオイル論の内容詳説と理論的問題点

図 5.4 生産カーブは発見カーブに追随する[12]

加モデルに対する改善として，ベルギーの人口学者 P. F. Verhulst によって 1884 年に提唱された人口動態に関する数理モデルである。これは環境条件として人口を支えられる食糧生産などの条件が有限（一定）である点を考慮し，人口の増加に対するその人口増加率は人口により直線的に減少すると仮定したものである。すなわち，生物の繁殖率を個体（あるいはつがい）ごとに一定であるとすると，固体数は一定の増加率で指数関数的に増加することになるが，実際には食料やスペースの制限，個体間の干渉，増殖による環境悪化などで，個体数の増加とともに増加率の方は低下してゆく，というのが基本の考えで，ハバートはこれを以下の式により，原油生産量の推移に適用できるとした（**図 5.5**（a），Q_P は累積生産量，Q_0 は究極資源量（発見量），t_0，a は定数）。

$$\frac{dQ_P}{dt} = Q_0 \frac{ae^{a(t_0-t)}}{\{1-e^{a(t_0-t)}\}^2}$$

さらに，この式を展開して，累積生産増加率 $(dQ_P/dt)/Q_P$ が生産量の増加とともに逓減するという 1 次式を得た。

$$\frac{dQ_P/dt}{Q_P} = a\left(1 - \frac{Q_P}{Q_0}\right)$$

増加率がゼロになった時点の累積生産量が究極資源量である。これは，

5. 石油の量をめぐる議論 — ピークオイル論の評価 —

(a) ロジスティック曲線
$$\frac{dQ_P}{dt} = Q_0 \frac{ae^{a(t_0-t)}}{\{1-e^{a(t_0-t)}\}^2}$$

(b) Hubbert Linearization
$$\frac{dQ_P/dt}{Q_P} = a\left(1 - \frac{Q_P}{Q_0}\right)$$

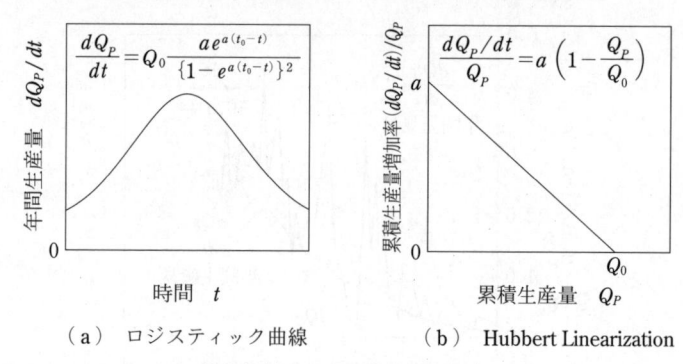

図 5.5　原油生産量の推移[13]

Hubbert Linearization（図 5.5（b））といわれるもので，線形のプロットから究極資源量が求まるということで，多くの研究者が用いる手法になった。

Deffeyes はこの手法により，1983～2002年までの累積生産量の増加率の低減傾向が見事に直線に乗るとして，これを外挿して究極資源量約 2 兆バレルを得た。そして，2005年にはピークオイルが到来したと述べている[14]。**図 5.6**

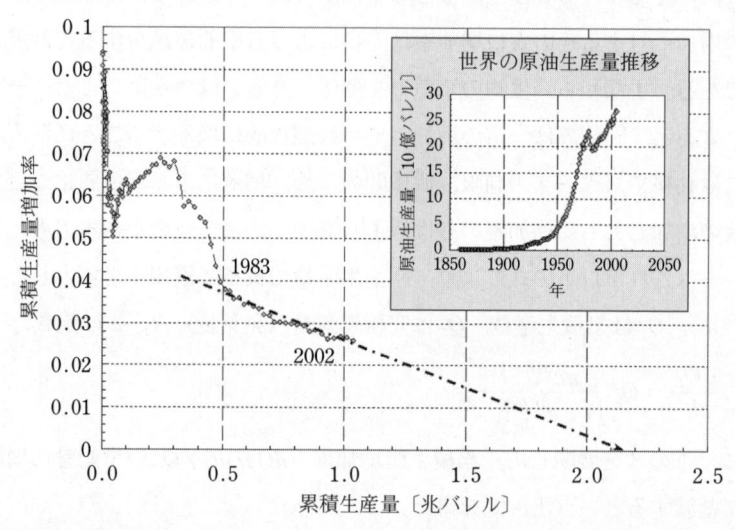

生産初期の減退率はばらつきが大きいが，1983～2002年にかけては直線に乗っており，究極可採資源量は 2.2 兆バレル，よって 2002 年から 2～3 年でその半分に達してピーク生産になると Deffeyes は予測した。ただし，近年その傾きは鈍化しているようにも見える。

図 5.6　Hubbert Linearization の手法による世界の石油生産の減退率のプロット[14]

に本村・本田（2007）によるプロットを示す。一方 BP 統計では，油価の高騰から消費量は 2006 年値で対前年 0.7％増に留まって，これに合わせるように 2007 年の生産量は前年比 0.2％の減となっているが，地質的な理由で石油生産に制限が生じた訳ではなく，現時点で OPEC 諸国に大きな余剰生産能力がある。この時点で世界の原油在庫が史上最高水準になったために，OPEC が意図的に生産制限を行ったことが原因であることがはっきりしている。短期変動から確定的なものはいえないものの，地質的な制約による減産の端緒は認められない。

5.3.2 ハバート理論に対する批判

ハバート理論に対する批判は，① 人口推計に使われるロジスティック曲線を石油生産の予測に適用することの理論的妥当性と，② 究極資源量を固定的に捉えていることの 2 点に対して集中している。ロジスティック曲線に関しては，ハバートの反論では，ロジスティック曲線の活用はカーブフィッティングの道具として有用であると述べるに止まり，理論面で積極的に採用すべき根拠は示してはいない。究極資源量に関する批判は，地下の原油の存在状況だけでなく，現在の技術力と経済性，ないし政治的な探査・開発投資環境の関数であり，可変的なものであるというものである。現実の原油の生産に関しても，短中期的には産油国の石油政策に最も影響を受けており，現実の世界の石油生産カーブがベル型を呈しているとは即断できない。

長期的な地球の究極資源量に関していえば，① 原油価格，② 技術開発，③ インフラ整備，④ 石油開発投資の影響下にあり，各要素は独自のルールで資源量把握に影響を与えると同時に各要素どうしも相互に影響を与え合い，全体としての資源量把握を規定するという意味において，「複雑系（complex system）」として把握されるべきもので，原始埋蔵量は固定的であるとしても，可採量としての究極資源量の可変性，ないし生産能力の時間的推移の可変性には十分な考慮が払われるべきであろう。

5.3.3 最近のピークオイル論

80年代から近い将来のピーク到来を唱えていたキャンベルとラエレールは，1998年に「安い石油がなくなる（The End of Cheap Oil）」[8]という新たな論文を発表し，世界の既石油生産量8 000億バレル，確認埋蔵量8 500億バレル，未発見埋蔵量1 500億バレル，以上合計の石油究極資源量1.8兆バレルを前提に，世界全体の生産量ピークを2004年頃と見積もった。これが，今日のピークオイル論議興隆の契機となっている。ここで，注意すべきは彼等の議論はすべて在来型原油に関するもので，超重質油やオイルシェールなどの非在来型石油資源はまったく入っていないことである。

さらには，2004年時点では在来型石油生産のピークは2006年としていたが，現状では2007年に生産能力が減退はしておらず，余剰生産能力が存在する。それを予想してのことであろうが，2005年12月にはピークは2010年前と繰り延べ変更している。

キャンベルがピーク時期をあえて予測しておきながら，1章で述べたように，その予測時期そのものが実勢に押されて徐々に後ろにずれてきている点は認識しておくべきであろう。本書冒頭でも述べたように，同氏は1980年代後半より，数年後（すなわち1990年以前）にピークがくると予言していた。

現在の両氏の議論では，在来型の石油究極資源量を1兆8 000億バレルと積算しており，最近の評価では最も低い。これは，ほかの評価者に比較して未発見埋蔵量の評価が著しく低く，しかも埋蔵量成長を認めないためである。推定の根拠は同論文によれば，① Hubbert Linearizationによる既往油田の生産履歴からの埋蔵量推定，② 探鉱井の増加に対する発見鉱量の逓減カーブ（巨大油田ほど先に見つかるという理論），③ 油田の埋蔵量規模と油田規模分布の両対数によるプロット，④ 中東（未開発油田が多い）以外の地域での発見カーブとのマッチングから得たハバート曲線，などによる。キャンベルはウプサラ大学のアレクレット教授らとASPO（Association for Study of Peak Oil）という団体を組織し，この見解の普及に努めている。**図5.7**に彼らの2004年の予測ケースの結果を示す。

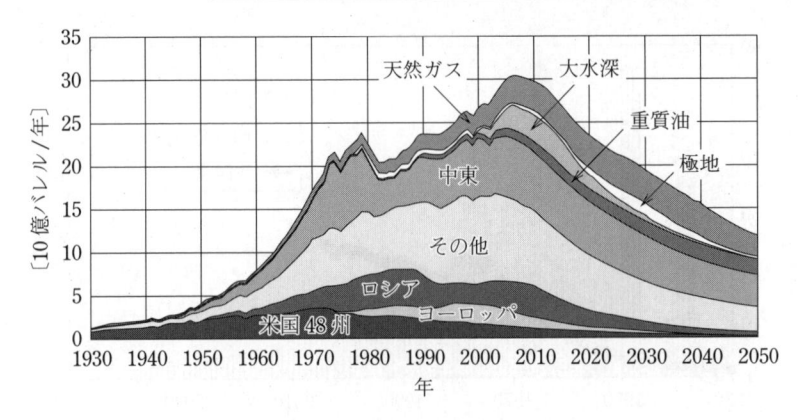

5.3 ピークオイル論の内容詳説と理論的問題点

図 5.7 ASPO による世界の地域別石油生産見通し
〔出典：ASPO ホームページ[15]〕

キャンベルらのピーク予測は，過去何度も改訂されているが，その度ごとにピークはつねに高くなり，時期は後へずれ込んでおり，これは石油資源量が当面本質的な危機をはらんではおらず，供給量が消費量を上回る傾向にあることを示しているとの批判がなされている。

キャンベルらはまた，世界における各年の発見可採埋蔵量と生産量のプロットを行い，1981 年に生産量が発見量を追い越し，以降発見埋蔵量の減退が進んでいると指摘した（**図 5.8**）。そして発見カーブは生産カーブで再現されるとのハバートの主張に沿い，世界は 1960 年代に発見カーブのピークを経験しており，約 40 年を経て生産カーブのピークがくると述べている。

この議論にはつぎの三つの問題点がある。

① ベネズエラで 1975 年，サウジアラビアでは 1976 年に国有化が行われ，多くの大産油国からメジャーズ†は 1970 年代以降に撤退を余儀なくされ，その後のそれら地域での探鉱投資の停滞と技術の不足により，これら地域の年ごとの油田発見量は急速に減退した。60 年代に世界の資源発見がピークを示し，その後振るわないのは，これら大産油国地域での石油政策に原因がある可能性が大であり，資源量の限界を示したことには必ずしもならない。彼らの議論

---

† 国際大手石油会社のこと。

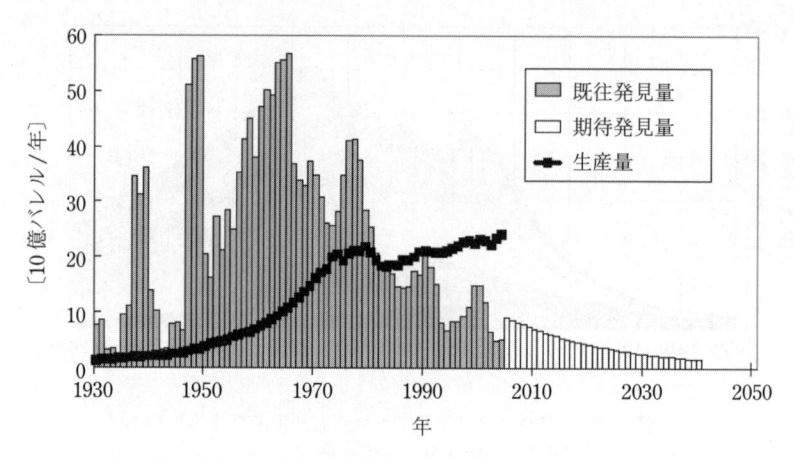

1981年に生産量が発見量を追い越している。ただし，1970年代の産油国国有化の影響での発見減あり。

図 5.8 キャンベル[16]の示す世界の石油発見量推移と石油生産量の推移

は，世界の発見量統計を機械的に解釈しているだけで，この統計量の前提となる条件に関しての配慮がない。

② 彼ら自身も準拠している 5.1 節に記した IHS Energy 社の油田データベースでは，各油田の埋蔵量成長が認められた場合，統計処理として当該油田の発見年での埋蔵量に加算する操作が行われている。このような操作は，毎年の世界全体の評価替え量を整合的で連続的な統計として計算できないので，各油田で評価替えがなされた時点で，当該油田の発見年にさかのぼって評価替えする以外に処理方法がないためである。埋蔵量成長の比率は，「USGS 2000」の採用する米国平均で確認埋蔵量の 77 % と膨大な規模である。埋蔵量成長が後年の追加であるにもかかわらず，このように統計処理の関係で，発見年にさかのぼって加算されることから，発見時期の減少カーブが誇張され，近年の資源発見が急減した印象を生んでいるが，彼らの議論にはこの点に関する認識が欠落している。

③ 1 章でも触れたように（1.5 節），OPEC 諸国，なかんずくサウジアラビアを中心とする中東湾岸産油国は，資源の温存を図っており，すべての発見資

源量がただちに開発されるわけではなく，多くの油田が既発見未開発油田として塩漬けとなっている[†]。したがって，世界の埋蔵量の2/3を占める中東諸国の可採年数は，80年を超えている。よって，世界の発見カーブから何年か遅れて確実に世界の生産カーブが追随するとは必ずしもいえない。

さらには，オイルサンドやオイルシェール，NGLなどの非在来型資源からの石油生産をどう捉えるかという，根本的な問題がある。すでに，在来型原油以外のカナダのオイルサンドやNGLなどの商業生産量は日量1000万バレルと総石油生産量の1割を大きく超えて急増しており，在来型原油のピークだけを論じて，社会的意味があるかは疑問である。

5.3.4　ピークオイルは2020年以降とするCERAによる予測

IHS Energy社グループであるCERA（ケンブリッジ・エネルギー研究所）は，2005年12月，米下院エネルギー商業委員会エネルギー小委員会での公聴会において，世界の石油生産能力を，2005年は日量8720万バレル，2010年には日量1億240万バレル，2015年には日量1億800万バレルと予測し，その後30〜40年間波動状のプラトーが続き，2030年前にピークがくることはないと証言した。

このスタディはIHS Energy社の世界中の個別油田データベースをもとに，厳密な国別の個別油田ボトムアップ式の分析を行ったもので，生産量自体を予測するのではなく，生産中油田，開発中油田，評価中油田から生産能力を実証的に予測したものである。この分析によれば，10年先までの生産能力は確保済みで，世界で短〜中期の石油生産能力の不足はないと結論付けている。同社は2008年11月に，さらに最新版のスタディを発表している（図5.9）。環境に配慮しつつ世界の増大するエネルギー需要に対応するには，十分な投資，技術革新，自由な世界市場が前提であるが，大産油国での政情の激変や，油田開発投資の急落など「地上での想定外リスク」がない限り実現可能としている。

[†] 1.5節で「定期預金」と表現。より具体的には，7章で一部が紹介される。

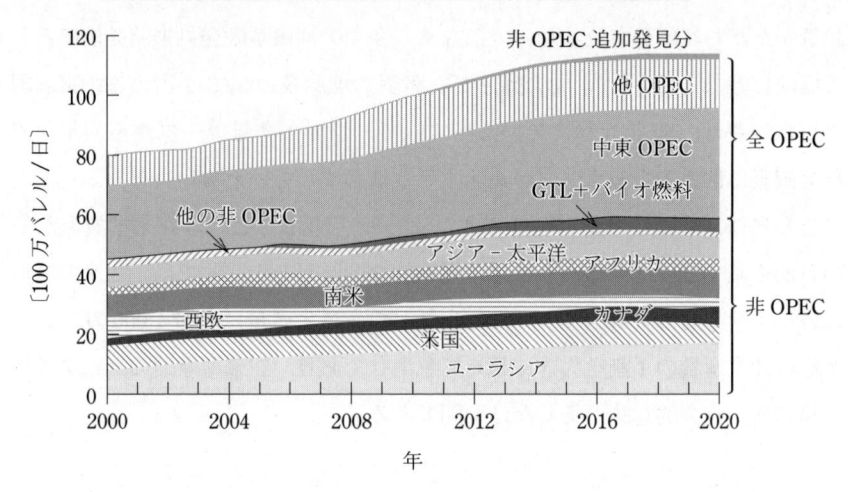

図 5.9 ボトムアップ方式に基づく CERA[17] の 2020 年までの世界の原油・天然ガス液の生産量予測

注目すべきは，非在来型（大水深，オイルサンド，天然ガス液（NGL））からの供給も加算されていることで，現在の 10 % から，2015 年には 35 % まで拡大する．カナダのオイルサンドは 2005 年の日量 120 万バレルから 2015 年には日量 340 万バレルまで，ベネズエラの超重質油は同じく日量 65 万バレルから 150 万バレルまで拡大し，NGL に関してはカタールの寄与が大きく，日量 1 400 万バレルから 2 200 万バレルと増える．ここでいう NGL はコンデンセートと LPG を含んだものである．

この推計は，IHS Energy 社によるデータベースが駆使されていること，個別油田データのボトムアップという単純であるが確実性のある手法で繰り広げられた議論であることから，圧倒的な説得力を持つスタディであり，少なくとも 2010 年前後でのピークオイル到来という議論はこの時点で論破されたものと思われる．同図では 2015 年以降，生産量予測ではレベルオフしている印象があるが，これは今後の OPEC 諸国での新規発見分を含んでいないためで，むしろこれがベースケースであって，時間経過とともに上乗せがあると見るべきものである．すなわち，2010～2020 年までの間，地上で想定外の政治リスク（投資障害）さえなければ，最低このレベルの生産能力が，現時点において

すでに確保されているということである。

一方で，Witze は Nature 誌において，CERA が 2006 年に示した比較グラフ[18]（**図 5.10**）を紹介しているが[19]，ピーク時期の到来については，依然として論争が決着していないとして，2010 年以前か以降かいずれに与するか結論を出していない。

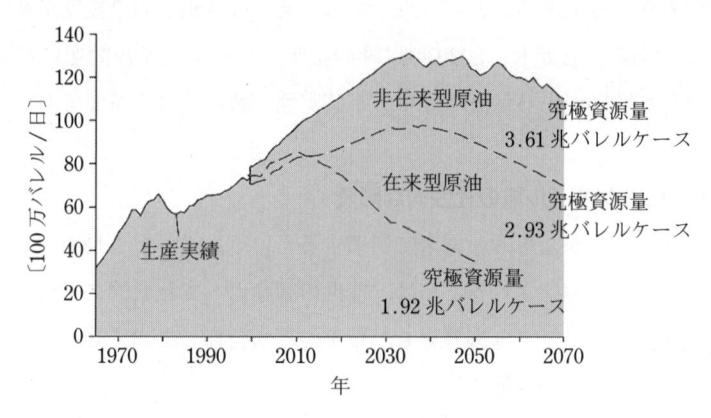

図 5.10 CERA[18] で示された長期予測の比較[19]

図 5.10 では，これまでの議論のまとめとして，悲観ケースである究極資源量 1.92 兆バレルを前提とした 2010 年前のピーク到来と，究極資源量 2.93 兆バレルを前提とした 2030 年以降の在来型原油に関するピーク到来，そして非在来型原油（この図では大水深原油と NGL は在来型に含まれる）の上乗せによる究極資源量 3.61 兆バレルによる予測が示されている。

5.3.5 想定されるピークオイルの時期とそれへの対策

地球上の石油資源が有限である以上，石油生産のピークがいずれ訪れることは 100％ 確実である。しかし，石油生産という営為自体は，すでに述べたように残存資源量によってのみ制約を受けるものでなく，まず産油国の石油政策，ついで原油価格，技術水準，インフラストラクチャーの整備状況，企業の投資意欲などの影響を受け，しかもこれらの諸要素が相互に影響を与え合う

「複雑系」をなしており，単純なモデルから一義的に導かれる結論ではないことから，その時期をピンポイントで予測することは困難である。

確実なのは，2010年以前のピークオイルの到来は，かつてそれを主張していたグループから，これまでのように取り下げられる傾向にあること，そして個別の油田情報の積み上げから見る限り，2020年まで世界の潜在生産能力の嵩上げは確保済みである，という点である。あとは計画どおり投資が進むかどうかだけである。しかし，2020年以降の将来のピークオイル問題に対処するのに，十分な時間がある保証もなく，不確実性が残ることも事実である。

5.3.6 ピークオイル論の社会的な影響

ピークオイルがかなり近い将来に到来するという，必ずしも根拠が明確でない悲観論が大きく喧伝されることは，警世の議論として社会的に有用である部分もあるが，ネガティブな影響をもたらすことも認識しておく必要がある。すなわち，以下のような事態である。

① 石油の将来性への懸念から石油の探鉱・開発投資，技術開発投資への努力が社会全体で軽視される危険がある。

② 斜陽産業イメージから，この分野での若年技術者の確保について困難さが増し，石油産業にとって衰退要因となり得る（米国では現に発生している）。

③ 将来的な石油不足が一般に信じられるようになることから，エネルギー価格が本来の需給関係での水準を遥かに凌いで高騰する（2008年7月までの状況はこれに近い）。

必要以上に高いエネルギー価格は，省エネルギーを推進させる効果もあるが，消費国，特に途上国にあっては環境に最悪の化石燃料である石炭回帰の動きを呼び，地球環境の点で逆効果となる要素もある（現にここ数年，その傾向は顕著である）。

④ 高いエネルギー価格は，資源を持つ産油国側を強気にし，資源ナショナリズムを活性化し，ますます石油開発投資が進まなくなるという悪循環，パラドックスに陥る（すでに現実に発生している）。また，資源輸出国と輸入国の

5.3 ピークオイル論の内容詳説と理論的問題点

交易条件，国際収支バランスとパワー・バランスを大きく変えてしまう。

メジャーズや国営石油会社からなる世界の石油産業は，基本的に2010年台にピークが到来するという悲観論を肯定する立場ではないが，これは世界の資源量やフロンティア地域の有望性に関する情報についてキャンベルなど在野の研究者よりも多くの情報を把握していること，埋蔵量成長の実態を自社の操業を通じて経験していること，長い石油産業の歴史を通じて技術革新の余地，可能性，そしてそれの持つ影響力の大きさについて確信を有しているためである。

しかし，ピークオイル不安によるネガティブな影響が大きくなると，マンパワー不足などから油田開発投資が縮小し，研究開発が進捗せず，現実に地質学的要因によって制約される以前に，人間の行動によって不必要に自ら石油生産のピークを招致してしまう可能性すらある。

ピークまで時間的余裕がどの程度あるか明言はできないが，社会は現時点から粛々と，まずは石油企業による ① 油田探鉱・開発投資の維持拡大と技術開発，ついで長期的なリスク・マネージメントとして ② 省エネルギー・代替エネルギー開発に，いま以上の努力で取り組む必要があろう。当然，国による政策的努力もこの点に向けられるべきである。

技術革新の余地としては，探査技術，極地・深海開発技術とともに，特に回収率の向上が資源確保において非常に効果的であることを十分認識する必要がある。「可採埋蔵量」とはあくまでビジネス上の概念であって，回収率の向上という技術の進歩によってそれは大きく増大し得る。原始埋蔵量を的確に把握することにより，われわれは将来の資源量増加の余地を展望する必要がある。前出の図1.5は，エクソンモービル社の推定する在来型原油，超重質油，オイルシェールのそれぞれの原始埋蔵量である。厳密な推定は困難で上限値はフェードアウトするが，エクソンモービル社によれば在来型原油の原始埋蔵量は最大で7兆バレル程度が見込める。同様に，オイルサンドなどの超重質油は最大5兆バレル，オイルシェールは最大3兆バレル程度を見込んでいる。非在

来型といっても，カナダの市場では 60 % を占めて在来型と同等に扱われており，特段在来型石油と区別すること自体がナンセンスになろうとしている。

在来型原油の可採埋蔵量（未確認分を含む）が既生産の約 1 兆バレルを除外しても依然として約 2 兆バレルあり（USGS 2000 など），かつそれがあくまで確率分布上の平均値であり，原始埋蔵量の規模から技術開発努力の継続によるさらなる上乗せの可能性のあることをつねに念頭に置くべきであろう。

5.3.7 石油産業の立場

エドワーズ[20],[21]は，石油は 21 世紀を通じて存在するとする一方で，石油生産のピーク時期は，非在来型を含めて比較的悲観的な 2030 年頃を想定している。そして，世界の人口増によるエネルギー需要が連続的に増大することから，21 世紀の半ばから後半にかけて石油のピーク以降に予想される石油の需給ギャップに対しては，太陽熱，太陽光，風力，バイオなどの再生可能エネルギー，あるいは水素，燃料電池などによって埋めるしかないとする。同時に，省エネルギー，エネルギー効率の改善，非在来型石油の開発，天然ガス液

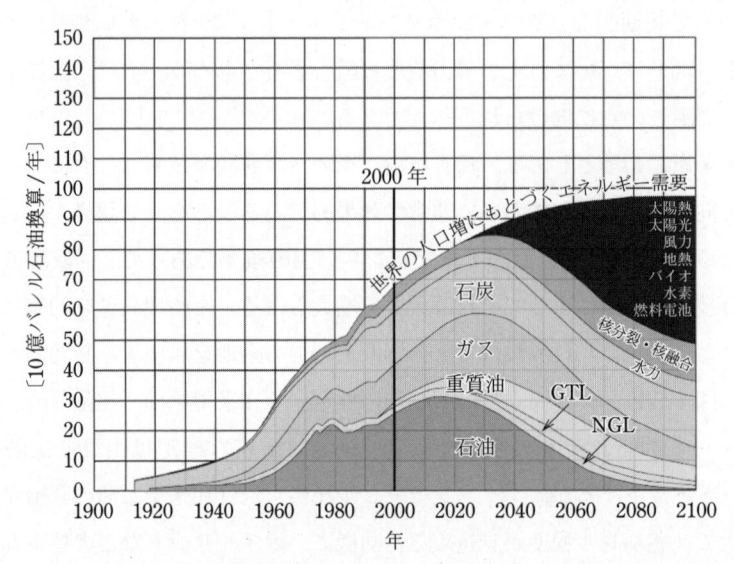

図 5.11 21 世紀を通じての化石燃料と再生可能エネルギー供給見通し[21]

（GTL）などによりピークの到来を少しでも先送りすることの重要性を説いている（**図5.11**）。

　これは，今後の石油業界が払うべき努力の方向性を示したものといえ，石油企業での技術開発において焦点を合わせるべき分野を列挙したものである。この姿勢は彼の論文の最後に引用されているアテナイの政治家ペリクレス（前490～前429）の言葉にもよく現れている。―『大切なのはいかに未来を予測するかではない。いかにそれに備えるかである』。

6

新しい有望な発見

　これまで概念的に石油資源，埋蔵量の性格や意味付け，全体的将来見通しについて述べてきたが，ここで抽象的な解説から，より具体的な最近の有望な新規油田発見の事例と，すでに発見されてからかなりの時間がたつが，未だ本格的な開発作業に着手されていない大油田地帯を示すこととしたい。

　過去10年ほどの間に世界各地では新たな探鉱作業の結果，数々の大油田発見や有望堆積盆が確認された。一番新しいところでは2007～2008年にかけてブラジルの深海サントス堆積盆のプレソルト地層で非常に大規模な油田群が確認された。水深1000m以上の深海での大型発見はブラジルに限らず，ナイジェリアからアンゴラに至る西アフリカでプレソルト地層（岩塩層より下部の地層）での新たな油田発見が相次いでいるし，米国海域のメキシコ湾深海でも新生代の下部第三紀層で新たな発見が相次いでいる。また，2007年以降に中国渤海の浅海部，カスピ海北部でも大型油田が相次いで発見されている。

　さらに，温暖化進展によってか，夏場の海氷が大きく縮小した北極海沿岸では，新たに大規模な探鉱キャンペーンが開始されるところであり，すでに有望な油・ガス田がいくつか確認されている。2008年夏には，将来，北極海沿岸で原油900億バレル，コンデンセート（天然ガソリン）など440億バレル，天然ガス1670兆立方フィート（石油換算約3000億バレル）の可採埋蔵量が発見される可能性が高いと，米国の国立地質調査所がレポートを発表した（未発見埋蔵量推定に関する確率度数分布の平均値）。

　発見済みの未開発大規模資源については次章で詳しく触れるが，イラク，イ

ラン，サウジアラビア，クウェートに未着手の巨大油田群が開発を待っているし，東シベリア，メキシコ海域のメキシコ湾深海部にも未開発の巨大油田群が存在している．さらには，LNG開発など天然ガス田の商業開発に伴って副産物として生産されることを待っているコンデンセート（天然ガソリン）が中東，豪州，ロシアなど世界には大量に存在している．

これとは別に，膨大な埋蔵量が確認されてから久しい非在来型石油資源についても，カナダアルバータ州のオイルサンドが本格的な商業開発段階に突入して生産量が急増しているし，ベネズエラの超重質油もすでに商業生産段階に達した．要するに，これらの一部はいわば在来型になってきている．これに，再び商業開発研究が本格化し始めた米国，豪州，中国などのオイルシェールを加えた非在来型石油資源全体の開発状況と見通しについて，その後の章で具体的に説明することとする．

6.1 ブラジル深海プレソルトでの大発見

ブラジル沖合のエスピリトサント盆地，カンポス盆地，サントス盆地の大水深には総延長約1000 km，幅数100 kmにわたり中生代下部白亜紀の岩塩層が分布している．この岩塩層直下の炭酸塩岩を貯留岩とする大水深・大深度の新たな探鉱対象層はプレソルト，または，サブソルトといわれるが，ブラジルでは，2006年以降，このプレソルトでの石油・ガス発見が注目を集めている．

2007年11月，ペトロブラス社（Petrobras，ブラジル）はリオデジャネイロ沖合250 kmに位置するサントス堆積盆地BM-S-11鉱区のTupi油・ガス田の可採埋蔵量は石油換算で50〜80億バレルであると発表した．そして，Tupi油・ガス田の発見されたプレソルトの海域全体に膨大な炭化水素資源が埋蔵されている可能性があるとの見解を示した．

この見解を裏付けるように，その後もブラジル沖合，サントス盆地のプレソルトでは発見が相次いでいる．2007年12月にはBM-S-21鉱区でCaramba油田，2008年1月にはBM-S-24鉱区でJupiterガス・コンデンセート田，5月

6. 新しい有望な発見

には BM-S-8 鉱区で Bem-te-Vi 油田，6 月には BM-S-9 鉱区で Guará 油田，8 月には BM-S-11 鉱区で Iara 油田が発見されたとの報道がペトロブラス社から行われた。原油の性状はいずれの発見も API 比重 20° 台後半から 30° 前後と，ブラジル原油としては比較的軽い中質原油が中心となっている（**図 6.1**）。

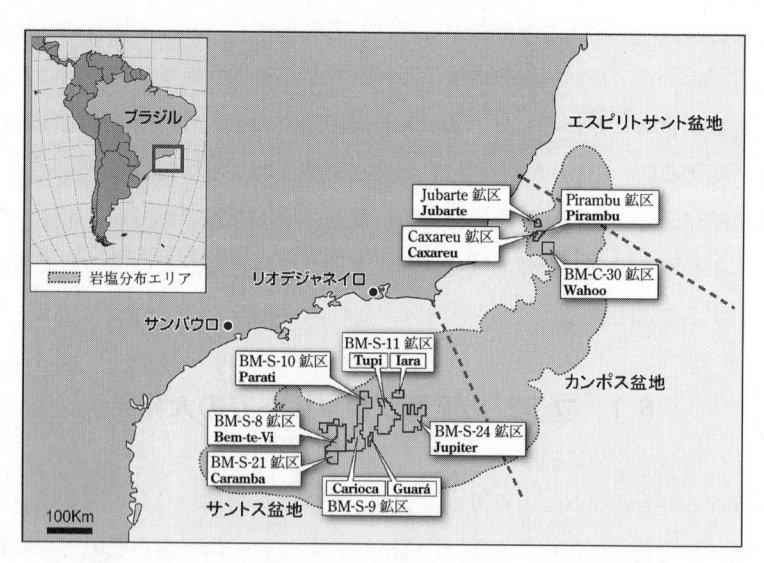

図 6.1 ブラジル岩塩分布エリアとプレソルトで発見のあった鉱区
（各種資料より JOGMEC 作成）

さらに，2008 年 4 月には，ANP（ブラジル国家石油庁）のハロルド・リマ長官が，BM-S-9 鉱区の Carioca 油田の埋蔵量は Tupi 油・ガス田の 5 倍で，石油換算 330 億バレルに達する可能性があるとし，大きな話題となった。この発言に関しては，過去 30 年間で最大の発見で，サウジアラビアのガワール油田とクウェートのブルガン油田につぐ史上第 3 位の発見であると各種報道機関でも大きく取り上げられた。この Carioca 油田については，ペトロブラス社より 2007 年 9 月に API 比重 27° の原油とガスを発見したとの発表が，また，2008 年 2 月にパートナーの Repsol YPF 社から可採埋蔵量は少なくとも 5 億バレルとの発表がすでに行われていた。リマ長官のこの発言に関しては，ペトロ

ブラス社は Carioca 油田の埋蔵量の評価には時間がかかり，この時点での発表は時期尚早とコメントした．リマ長官自身も 330 億バレルという数字は米国のエネルギー情報誌に掲載された推定値を述べただけとしているので，この数字を現時点では正しいとすることはできないと考えられる．

しかし，このサントス盆地のプレソルトではこれまでに掘削された 9 坑井すべてで石油・ガスの発見に成功している（**表 6.1**）．

表 6.1 サントス盆地プレソルトでの発見

鉱区	油田	発見年	水深〔m〕	掘削深度〔m〕	参加企業
BM-S-8	Bem-te-Vi	2008	2 200	5 380	ペトロブラス社 66 %，シェル社 20 %，Galp 社 14 %
BM-S-9	Carioca	2007	2 140	6 668	ペトロブラス社 45 %，BG 社 30 %，Repsol YPF 社 25 %
	Guará	2008	2 141	未発表	
BM-S-10	Parati	2006	2 039	7 628	ペトロブラス社 65 %，BG 社 25 %，Partex 社 10 %
BM-S-11	Tupi	2006	2 126	6 000	ペトロブラス社 65 %，BG 社 25 %，Galp 社 10 %
	Tupi	2007	2 167	5 314	
	Iara	2008	2 230	5 600	
BM-S-21	Caramba	2007	2 234	5 350	ペトロブラス社 80 %，Galp 社 20 %
BM-S-24	Jupiter	2008	2 187	5 252	ペトロブラス社 80 %，Galp 社 20 %

（各種資料より JOGMEC 作成）

そして，これまでに発見されたそれぞれの油田，ガス田がつながった大きい構造となる可能性もあるとされている．もし，それぞれの油田，ガス田がつながっているということになれば，リマ長官の示した数字が現実味を帯びてくることもあり，今後の評価作業が待たれるところである．

ところが，ペトロブラス社のガブリエリ社長は，同社はまだ掘削を行っていないプレソルトの探鉱鉱区の返還期限が 2008 年末から 2009 年初に迫っていて，期限までに発見がないと ANP に鉱区を返還しなくてはならないことから，これらの鉱区での掘削を優先しており，そのためプレソルトでこれまでに発見

された油田の評価作業が遅れているとしている。ペトロブラス社によれば，2009年末までには油田，ガス田のつながりを含めて，プレソルトでの正確な埋蔵量評価が実施されるという。

1997年には自給率52％であったブラジルが，国営石油会社であったペトロブラス社が中心となり沖合のカンポス盆地を中心に探鉱・開発を進め，たった10年で石油自給を達成した。長年，ブラジルでは，カンポス盆地大水深に賦存する重質油の探鉱開発が中心であったが，2000年以降は真の石油，天然ガス資源の自立国を目指して，天然ガス・軽質油狙いで，サントス盆地およびエスピリトサント盆地へ探鉱活動が移りつつある。

その成果がプレソルトにおける油・ガス田の発見といえる。

ブラジルはこれらのプレソルトでの発見により，今後，埋蔵量，生産量を大幅に増加させ，世界市場へ石油を供給できる中東やベネズエラと並ぶような石油輸出国へとその位置づけを変えていくことになると考えられる。また，ブラジルは原油生産量の8割を生産するカンポス盆地の原油がAPI比重22°以下の重質油が中心であることと，ボリビアからの輸入ガスに依存しているが，そのボリビアで炭化水素資源の国有化が行われ供給不安を抱えていることから，軽質原油と天然ガスへの転換を図っていたが，プレソルトでの発見でこれらの問題に対しても解決の糸口をつかむことができたといえよう。

プレソルトでの個別の油田の開発の見通しに関しては，ペトロブラス社がTupi油・ガス田について2009年第1四半期に2〜3万バレル/日でテスト生産を開始し，生産量を2010年までに10万バレル/日に，最終的には100万バレル/日に引き上げるとしている。また，Guará油田については2012年に，Iara油田については2013年に生産開始を予定しているという。

ただし，このプレソルト開発についてはいくつかの問題点がある。

まず，大水深，大深度に位置するプレソルトの油田であることだ。プレソルトの開発，生産はすでにカザフスタンのテンギス油田などで生産が行われており，硫化水素の除去や炭酸塩岩の油層圧力の維持など難しい点はあるものの，技術面では確立している。

しかし，このブラジルのプレソルトは水深や掘削深度が深くて，技術的・コスト的な困難が伴うと考えられる。本格的開発には多数の開発井が必要だ。

また，ペトロブラス社は大水深，大深度の掘削を行えるリグが不足しているという問題も抱えている。ペトロブラス社は2017年までに40基のリグやドリルシップを建造する計画を立て，新たなリグを取得する努力をしているものの，現時点では，世界的な大水深開発ブームから，大水深で掘削を行うリグを確保することが難しい状況にある。

さらに，ペトロブラス社は人材不足という問題にも直面している。ガブリエリ社長によると，同社は，Tupi油・ガス田の開発に注力するため，中南米などのコア地域を除くブラジル国外での活動規模を縮小し，プロジェクトを遅らせるなどの措置をとり，これにより同社の人材をプレソルトの開発に集中投入する計画としている。

ガブリエリ社長は「プレソルトの開発はペトロブラス社にとって大きなチャレンジである」とのコメントを出しており，このような問題を抱え，プレソルトの開発は難しいのだと考えられる。

ただ，ブラジルのプレソルトの掘削が開始されてわずか3年ほどの間に，技術面では大きな進歩が見られている。プレソルト1坑当りの掘削コストは当初の2億4 000万ドルから6 000〜8 000万ドルに削減され，1坑を掘削するのに必要な期間も1年半以上かかっていたものが，50日前後まで短縮されている。リグや人材の不足といった問題もペトロブラス社に特有の問題というわけでもなく，ガブリエリ社長もプレソルトの開発は「長期的に見れば経済性はあり，油価が1バレル40ドル以下でも利益を上げられる」ともいっている。

現在（2008年初秋），ブラジルではプレソルトで大規模な発見があったことにより，その開発方法や法・税制に関して，政府や議会などでさまざまな議論がなされている。1997年に制定された新石油法を変更し，ペトロブラス社とは別にプレソルトの探鉱・生産を行う国営エネルギー企業を設立するという案やプレソルト開発の新規契約を既存のものよりブラジル政府に有利なものに変更するという案，新石油法は変更せずに大統領令で税率を引き上げることに

よって政府の収入を増加させるべきだとする案などが出されている。ルラ大統領は，法税制を変更するための委員会を設置し，これらの意見の集約を図っている。いずれにせよ，将来のプレソルトの探鉱・開発に関してはブラジル政府の管理，監督を強化し，政府の収益を増やす方向に変更が行われる可能性が高いと考えられる。

また，ブラジルでは1999年から年に1度のペースで鉱区入札が実施され鉱区が公開されてきたが，2007年11月に実施された第9次鉱区入札では，直前にTupi油・ガス田の埋蔵量に関する発表があったことから，プレソルトの鉱区を除いて入札が実施された。そして，第10次鉱区入札も，紆余曲折の末，プレソルトを含む沖合全体を除外して2008年12月に実施された。

このようにブラジルでは，プレソルトであまりにも大きな発見があったために，探鉱・開発政策に大きな変化が生じる可能性があり，しばらく状況を見守る必要があると考えられる。

サントス盆地のプレソルトでの発見が続いており，特に注目を集めていることから，サントス盆地の状況を中心にまとめてきたが，カンポス盆地のPirambu鉱区，Caxareu鉱区などでペトロブラス社が，BM-C-30鉱区でアナダルコ社（Anadarko，米）がプレソルト層においてAPI比重30°前後の原油の産出テストに成功している。このような探鉱成果から，中生代下部白亜紀のプレソルトといわれる地層は，サントス盆地のみならず，カンポス盆地やエスピリトサント盆地においても大規模な発見が狙える探鉱対象であると考えられる。探鉱対象エリアは最大で図6.1の岩塩分布エリアに相当し，エスピリトサント盆地，カンポス盆地，サントス盆地の沖合に巨大フロンティアが広がっていると考えられる。

以上見てきたように，ブラジル深海プレソルトについては，資源ピラミッドの支配因子としては探鉱投資，生産開発技術の革新が重要だ。すなわち，80年代からの大水深や重質油開発にかかわる技術の蓄積が，投資環境の良さを背景に，大水深に眠る埋蔵量をイージーオイルにするような深海開発技術や地震

探査技術へと着実に育ってきている。

6.2 アンゴラ沖大水深油田における発見

アンゴラはすでに1990年代から水深300～1500mの大水深域で大油田の発見が相次ぎ，現在までにアフリカではナイジェリアに肉薄する180万バレル/日の大産油国に成長した（**図6.2**）。2008年8月，アンゴラ政府は，同国初の水深1600mを超える大水深（Ultra-deep water）油田開発を承認した。BP社がオペレーターを務めるBlock31の北東部 Plutao-Saturno-Venus-Marte（PSVM）油田である。PSVM油田の埋蔵量は約5億バレルで，2012年に生産を開始する予定である。安定生産期の生産量は15万バレル/日であるが，その後続々と同鉱区内の他の油田が開発予定である。

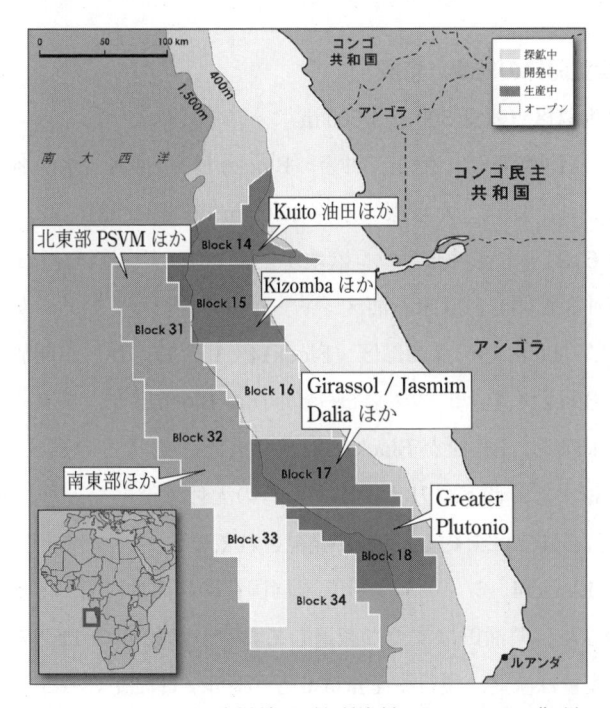

図6.2 アンゴラの海洋鉱区（各種資料よりJOGMEC作成）

6.2.1 大水深油田は，アンゴラにとりどのような意味を持っているか

　PSVM 油田の生産開始後，アンゴラは米メキシコ湾，ブラジルにつぐ大水深油田の生産国となる。原油輸出収入は，アンゴラ GDP の約 40％，歳入の約 90％，輸出の約 70％を占める。内戦終結後，アンゴラは高い経済成長を続けているが，経済は石油やダイヤモンドに大きく依存している。

　2008 年 9 月に実施された総選挙で与党が大勝したが，政治の安定も石油やダイヤモンドの輸出をベースとした経済の高い成長によるところが大きい。元々同国ではカビンダなど北部浅海域が主力産油地域であったが，Cabinda 油田をはじめとする北部浅海油田は減退傾向にあり，探鉱開発の対象は浅海から深海，さらに大水深にシフトしつつあり，現在確認されている埋蔵量の 8 割は深海（水深 300〜1 600 m）と大水深（水深 1 600 m〜）が占めている。政権安定のためにも深海油田の順調な開発・増産が重要である。

6.2.2 探鉱開発の経緯，特徴

〔1〕　深海鉱区（水深 300〜1 500 m）

　アンゴラの石油鉱区は，陸上，沖合（Block0 他），深海（水深 300 m 以深，Block14，15，17，18），大水深（水深 1 500 m 超，Block31，32，34）に大別される（**表 6.2**）。北部沖合コンゴ盆地が生産全体の約 6 割を占めている。

　同国の石油探鉱開発は欧米石油メジャーが中心に行っている。アンゴラでは 1993 年に水深 300 m 超の深海鉱区（Block14，15，17，18）が開放され，シェブロン社が Block14 を，エクソンモービル社が Block15 を，トタル社（Total，仏）が Block17 を，BP 社が Block18 を落札した。これらの鉱区では 1996 年以降発見が相次ぎ，西アフリカ探鉱ブームの火付け役となった。2007 年 6 月までに，これら 4 鉱区で約 50 油田が発見されている。

　1997 年に Block14（シェブロン社）で同国初の深海油田である Kuito 油田が生産を開始した。同油田はすでに減退しており，2002 年の 11 万バレル／日をピークに生産量は減退，現行生産量は 6 万バレル／日程度である。

　Kuito 油田の生産開始を皮切りに，深海油田は順次生産を開始している。

表6.2 アンゴラ深海／大水深における油田発見数

深海

鉱区	オペレーター	発見数
Block14	シェブロン社	10
Block15	エクソンモービル社	17
Block17	トタル社	15
Block18	BP社	8
計		50

大水深

鉱区	オペレーター	発見数
Block31	BP社	14
Block32	トタル社	11
計		25
合計		75

Block15（エクソンモービル社）ではKizombaA油田（2004年生産開始，現行生産量22.5万バレル／日）などが，Block17（トタル社）ではGirassol／Jasmin油田（2001年生産開始，現行生産量約25万バレル／日）が，Block18（BP社）はGreater Plutonio油田（2007年生産開始，現行生産量20万バレル／日）が生産を開始した。

2005年に深海生産量は66万バレル／日に達し，浅海・陸上の生産量を上回った。IEAによると，2010年には深海ならびに大水深の生産量が200万バレル／日に達する見通しである。

ちなみに，アンゴラ深海探鉱の活況を受け，同国の探鉱鉱区取得時のサインボーナス（契約頭金）は高騰しており，2005～2006年入札では深海探鉱鉱区として世界の石油史上最高額のサインボーナスが提示され，話題となった。対象はBlock15，17，18の開発移行に伴う放棄部分で，イタリアのENI社はBlock15／2006に9億ドルのサインボーナスを提示し，中国国有石油企業のSinopec社はアンゴラ国営Sonangol社と共同でBlock17／2006，Blook18／2006に計24億ドルを提示した。

6. 新しい有望な発見

〔2〕 大水深鉱区（水深 1 500 m 超）

1999年には大水深鉱区 Block31, 32, 33 が開放され, BP 社が Block31 を, トタル社が Block32 を, エクソンモービル社が Block33 を落札, 3鉱区合計のサインボーナスは10億ドルであった。2007年6月までに, Block31, 32 の2鉱区で約24油田が発見された。エクソンモービル社ならびにパートナーは試掘不成功を受け, Block33 から撤退した。

2001年9月には NorskHydro 社（現スタットイルヒドロ社）などが Block34 で PS 契約を締結, 現在探鉱活動を行っている。同鉱区で, 同国国営石油会社の Sonangol 社は深海で初めてオペレーターとなった。現在の出資比率はオペレーターの Sonangol 社が20％, NorskHydro 社が50％, ペトロブラス社が30％である（ConocoPhillips 社ならびにシェル社は2007年8月に撤退, ペトロブラス社が参入した）。

① Block31

2001年に BP 社は Block31 で初めて油田を発見した。その後も Marte, Plutao, Saturno, Venus などの発見が続いた。

油田は深海鉱区同様新生代の第三紀層中新統～漸新統で発見されている。

オペレーターは BP 社26.7％, エクソンモービル社25％, スタットイルヒドロ社13.3％, マラソン社（Marathon, 米）10％, トタル社5％, Sonangol 社20％。北東部 PSVM 油田の埋蔵量は約5億バレルで, 2012年に生産を開始する予定である。安定生産期の生産量は15万バレル/日である。引き続いて, 2014年以降には, 同鉱区の南東部油田が生産開始で, 埋蔵量は5億バレル, 安定生産期の生産量は15万バレル/日であり, さらに, 2015年以降に同鉱区中部の油田が生産開始予定で, 埋蔵量は5億バレル, 安定生産期の生産量は15万バレル/日である。

② Block32

トタル社は2003年以降 Block32 で11構造（2003年に Gindungo, 2004年に Canela, Cola, 2005年に Gengible, Mostarda, 2006年に Salsa, Caril, Manjericao, 2007年に Louro, Cominhos, Alho）を発見した。油田は深海鉱

区同様に新生代の第三紀中新統〜漸新統の地層で発見されている。

オペレーターはトタル社30％，マラソン社30％，エクソンモービル社15％，Petrogal社5％である。

2013年に南東部油田の生産開始予定であり，埋蔵量は5億バレル，安定生産期の生産量は13万バレル／日である。

さらに2015年以降に中部油田が生産開始予定であり，その埋蔵量は5億バレルで，安定生産期の生産量は15万バレル／日である。

2008年8月，マラソン社は権益30％のうち20％の売却を試み，入札にかけた。国営石油会社のインド・ONGC社，中国・CNOOC社（中国海洋総公司，中）／Sinopec社連合，ブラジル・ペトロブラス社が入札に参加した模様である。落札価格は20億ドルを超えると見られていたが，入札は不調に終わったとも伝えられている。

6.2.3 開発状況，課題

大水深鉱区で発見される個々の油田の規模がこれまでの深海鉱区に比べて相対的に小さい一方で，資機材価格高騰などによる開発コストが上昇している。

例えばBP社のGreater Plutonioの当初開発コスト見積もりは80〜100億ドルだったが，150〜200億ドルにふくらむ見通しである。また，大水深における発見油田の規模は15〜30億バレルで深海（Block15, 17）発見油田の50〜60億バレルに比べ，相対的に小さくなっている。Block31北東部PSVM油田の埋蔵量は約5億バレルだが，開発費は100億ドルで，BP社のPlutonio油田開発時の2倍にふくらんでいる。

6.3 中国渤海の極浅海域における大型油田発見

2007年5月，CNPC社（中国石油天然気集団公司，中）は，河北省唐山市に面した渤海湾の水深約3メートルの極浅海域で，大型の油田を発見したと発表した。

74　　6. 新しい有望な発見

6.3.1 鉱区の位置

油田の名前は南堡(ナンプー)(Nanpu)[†]で，渤海湾盆地黄驊凹陥(ホワンホワおうかん)(Huanghua Depression)に位置している。正式な発表は2007年だが，発見井の掘削は2005年に行われた。周辺海域では秦皇島32-6油田など複数の油田が発見されている（図 6.3）。中国では，水深5m以深の海域はおもにCNOOC社が単独あるいは外資と共同で石油の探鉱開発を行っているが，水深5m以浅の海域のうち，特に渤海湾盆地に属する極浅海域では最大の国営石油会社，CNPC社の中核事業子会社であるPetroChina社（中国石油天然気股份（株式）有限公司，中）が鉱区ライセンスを保有し，探鉱開発を行っている。

2007年5月時点の発表で，CNPC社は南堡油田の原始埋蔵量を約74億バレ

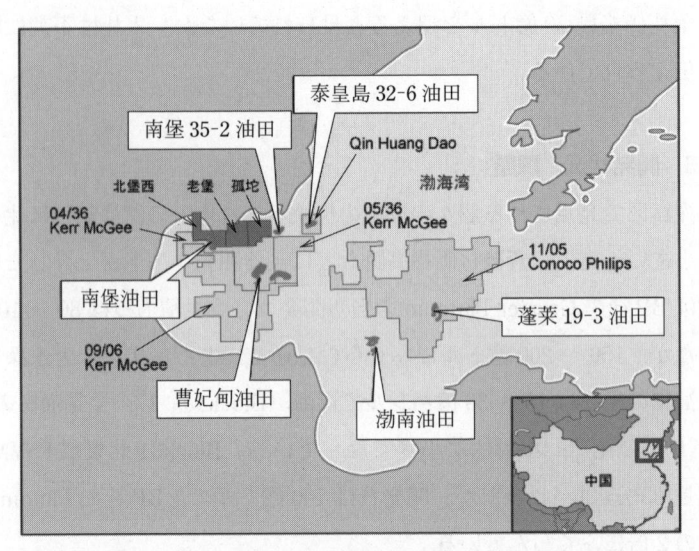

北堡西，老堡，孤坨鉱区はPetroChina社保有鉱区，その他はCNOOC社／外資鉱区（オペレーター企業は鉱区名の下に明記）

図 6.3 渤海の南堡油田ならびに周辺のおもな生産中油田（生産量2万バレル／日超のみ）（JOGMEC作成）

[†] 天然ガス埋蔵量も確認されており，南堡油ガス田と呼ぶべきだが，中国では一般的に南堡油田と称しており，本書でもそれに従う。

6.3 中国渤海の極浅海域における大型油田発見

ル（石油換算）と発表した。内訳は原油の確認埋蔵量（proven）が29億5700万バレル，推定埋蔵量（probable）が21億7800万バレル，予想埋蔵量（possible）が約14億7600万バレルである（**表6.3**）。これに，油田生産に伴って産出する随伴ガスの原始埋蔵量4兆9480億立方フィート（原油換算約8億バレル）としている。米大手コンサルタント会社のIHS Energy社は回収率25％とした場合，原油の可採埋蔵量（確認＋推定）は12億8400万バレルになると試算した。

表6.3　南堡油田埋蔵量（CNPC社発表）

	埋蔵量	億トン	億バレル
原油	確認	4.1	29.6
	推定	3.0	21.8
	予想	2.0	14.8
天然ガス（随伴ガス）	原始	1.2	8.2
全体	原始	10.2	74.3

〔出典：CNPC〕

その後，2007年8月に中国政府の埋蔵量認定業務を所管する国土資源部が南堡油田の埋蔵量を認定，公表した。それによると，南堡油田の四つの構造のうち，第1・第2構造（面積71.15 km^2）の原始埋蔵量（in-place）は32億4900万バレルで，このうち商業的に回収可能な埋蔵量は6億3200万バレル，技術的に回収可能な埋蔵量は6億9200万バレル，と発表した。また，随伴ガス原始埋蔵量は1兆8920億立方フィートで，そのうち技術的に回収可能な埋蔵量は3940億立法フィートとしている（原油換算約3億バレル）。当初発表の埋蔵量は随分目減りした感もあるが，南堡油田では四つの油ガス構造が発見されており，埋蔵量は今後，追加計上されてくる。

PetroChina社は南堡油田開発に際し，複数の人工島を建設し，坑井掘削や海底輸送パイプラインの建設を進めており，2012年までに生産量は20万バレル／日に達する見通しである。

6.3.2 この油田発見は中国にとりどのような意味を持っているか

中国で20万バレル/日クラスの油田が一つ増えても，世界の石油市場に与える影響は大きくない。しかし，石油を渇望している中国にとり，すでに探鉱がかなり進んでいた渤海で新たに南堡油田を発見した意義は大きい。

中国は1959年の大慶油田発見以来石油自給国となり，現在も約370万バレル/日の原油を生産する世界第5位の産油国である。ただし，中国は米国同様産油国かつ石油の大消費国で，1993年には石油純輸入国となった。2007年の石油消費量は日量785万バレルで，米国につぐ世界第2の石油消費国である。石油輸入依存度は増加の一途を辿り，2007年には371万バレル/日を輸入，輸入依存度は47％に達している。欧米のエネルギー専門家は，中国の石油消費は今後も伸びていき，石油輸入依存度は2020年には6～7割に上昇すると見ている。

BP統計によると，2007年の中国の埋蔵量は155億バレルで，現時点での南堡油田の埋蔵量約7億バレル（中国政府が現在までに商業的に回収可能と認定した数値）は，中国で確認された埋蔵量全体の5％弱を占める。また，原油安定生産期の生産量の20万バレル/日は，輸入量の5％程度を占める。

中国政府は増大する石油輸入についてエネルギー安全保障ならびに輸入費用の上昇を懸念しており，1990年代後半以降，国内供給強化や供給多様化，輸出抑制政策をとっている。2006年に発表された第11次5か年規画では，国内探鉱開発の項目に深海や非在来型石油資源の探鉱開発や研究の強化が盛り込まれた。

南堡油田発見により，中国が石油自給国に戻るわけではないが，今後の国内探鉱推進で石油輸入依存度の上昇スピードを減速させる可能性を確認したという意味で，中国にとり非常に歓迎すべきものなのである。

温家宝首相は2007年5月1日（メーデー）に同油田を訪問し，発見を讃えた。また，発見の報に接したときには興奮して眠れなかったと喜びを露わにしている。

6.3.3 探鉱開発の経緯,特徴経緯

CNPC 社によると,極浅海域における探鉱が本格的に行われるようになったのは 1990 年前後である。渤海極浅海域では,1995 年に米 Kerr-McGee 社が蛤坨(Getuo)ならびに老堡(Laopu)鉱区を,1997 年にはアジップ社(Agip,伊)が北堡西(Beipuxi)鉱区を取得し,探鉱を行ったが,商業量の発見に至らず,3 鉱区とも 2000 年前後に相次いで放棄されている。

PetroChina 社によると,2002 年にアジップ社など外資が放棄した 3 鉱区の探鉱ライセンスを単独で取得した。そして,3 次元地震探鉱を実施した。一部の鉱区では,中国として初めて,同じエリアに 2 度目の 3 次元地震探鉱,つまり 4 次元地震探鉱を実施している。そして取得したデータに対し,重合前時間マイグレーション(pre-stack time migration:PSTM)処理・解釈という最新技術を適用し,より詳細な地下のデータを得たことが,南堡油田の発見につながったとしている。

最近,世界では深層での油田発見が目立つが,南堡油田が深度 1 000～1 800 m の浅層(新生代の新第三紀館陶層)で発見されたことは大きな特徴といえる。

南堡油田が発見された渤海湾盆地は,沿岸陸上部および海域をあわせた面積約 29 万 km² の堆積盆地で,中国を代表する遼河油田(1969 年発見,現行生産量 24 万バレル/日),勝利油田(1962 年発見,現行生産量 55 万バレル/日)などが 1960 年代に発見され,現在も生産中である。

渤海海域は周辺陸上より 20 年遅れ,1980 年代に探鉱が開始された。海洋の石油産業は陸上に先駆けて対外開放を行い,日中石油開発を含む外国企業が同海域に参入し油田を発見した。当時は,すでに生産を開始していた周辺の陸上油田の状況から,深度 3 000 m 以深の深層(新生代の古第三紀系漸新統(東営層や沙河街層))がおもな探鉱対象と考えられていた。古第三系では確かに油田が発見されたが,埋蔵量が期待を下回る一方,地層が断層により分断され,生産に伴う地層圧力の低下速度が速く,当時は水平坑井による開発があまり普及していなかったこともあり,坑井あたりの回収率が低かった。このため,今

78　　6. 新しい有望な発見

世紀に入るまで大油田地帯とはならなかった。

1995年にCNOOC社が米企業と発見した秦皇島（Qinhuangdao）32-6油田や南堡（Nanbao）35-2油田は，当初の油徴発見こそ深層の古第三系紀漸東営層であったが，後に主要貯留層は浅層の新第三紀系明化鎮〜館陶層であることが判明した。CNOOC社はこの頃から探鉱対象を深層から浅層に転換したと思われる。

1999年に米Phillips社が渤海で発見した中国沖合最大の油田である蓬萊19-3油田（2P埋蔵量9億バレル）の貯留層は，南堡と同じ層である。Phillips社も当初は深層をターゲットに試掘井を掘削していたようだが，浅層に方針を転換して成功したようである。

蓬萊19-3油田は1期2万2700バレル/日（グロス生産量）を生産中で，現在2期を開発中である。2期は近傍の蓬萊25-6油田との開発を合わせ，2009年頃にはグロス生産量が約15万バレル/日に達する見通しである。

6.3.4　開発状況，課題

南堡油田の開発は極浅海かつ浅層（新しい層）の開発，複雑な地層，原油の性状（高流動点）という課題に直面している。

まず，水深3mの極浅海域では通常の掘削装置が使えないので，人工島を建設しなければならない。PetroChina社はすでに四つの人工島（南堡1-1, 1-2, 4-1, 4-2）を建設中である。このうち最大の人工島は南堡1-1（面積27万km^2）で，392坑の井戸（内訳は不明）を掘削し，油ガス処理能力は8万バレル/日である。南堡1-2は44坑（うち水平井17坑）を掘削する計画で，南堡1-2で生産した原油は海底パイプラインを通じ，1-1で処理される。南堡1-1, 1-2は現在試験生産を行っている。南堡4-1, 4-2人工島の建設は2008年8月に着工した。

また，南堡油田の貯留層は比較的新しい地質時代のもので，開発時に出砂現象（坑井に砂が詰まる）が起きやすい。断層により分断されているので，水平坑井を多数掘削しなければならない。さらに，渤海湾盆地北端に位置する遼河

油田の一部の原油同様，南堡油田は高流動点原油のようで，人工島に設置されたパイプラインは，原油輸送ならびに加温用スチームの2本が併設されている模様であり，開発コスト上昇につながる．

6.4 北 極 海

6.4.1 北極海における資源と各国の動き

2007年の8月，ロシアの潜水調査船が北極海の海底を調査し，チタン製のロシア国旗を北極点の水深4261mの海底に立てたことが大きな話題となった．ロシアは北極点までを自国の大陸棚の延伸部分と主張し，国連の「大陸棚の延伸に関する委員会」に申請する予定である．北極海はそれほど重要な場所なのだろうか．

もちろん，北極海の極点を中心とした部分は水深4000m級の深海で，かつ通年氷に覆われており，当面は資源開発の対象ではない．しかし，それを取り巻く大陸棚では，特に天然ガスの高いポテンシャルが指摘されている．北緯60°以北では，現在までに既発見埋蔵量が石油400億バレル（世界の3％）で，天然ガスは1100兆立方フィート（世界の17％）である．

未発見資源量については，米国地質調査所が2008年7月に発表した推定によれば，石油が900億バレル（世界の13％），天然ガスが1670兆立方フィート（世界の30％）と，特に天然ガスにおいて優位性が目立つ．

北極海大陸棚に関しては，ロシアは面積にして270万km^2と約6割を占め，沿岸5か国の中で最も規模が大きい．氷の条件としては，バレンツ海はメキシコ湾流の影響で比較的良好であり，カラ海も年間10か月操業が可能と自然条件に恵まれている．そしてなによりも資源ポテンシャルの点では，バレンツ海がティマン・ペチョラ堆積盆の，そしてカラ海が西シベリア堆積盆地の北方延長に当り，既往の産油ガス地帯の延長にあるという点で，北極海大陸棚の中でも最も有望である（**図6.4**）．ここの天然ガス資源量は，770兆立方フィートとロシア全体の30％を占める．

6. 新しい有望な発見

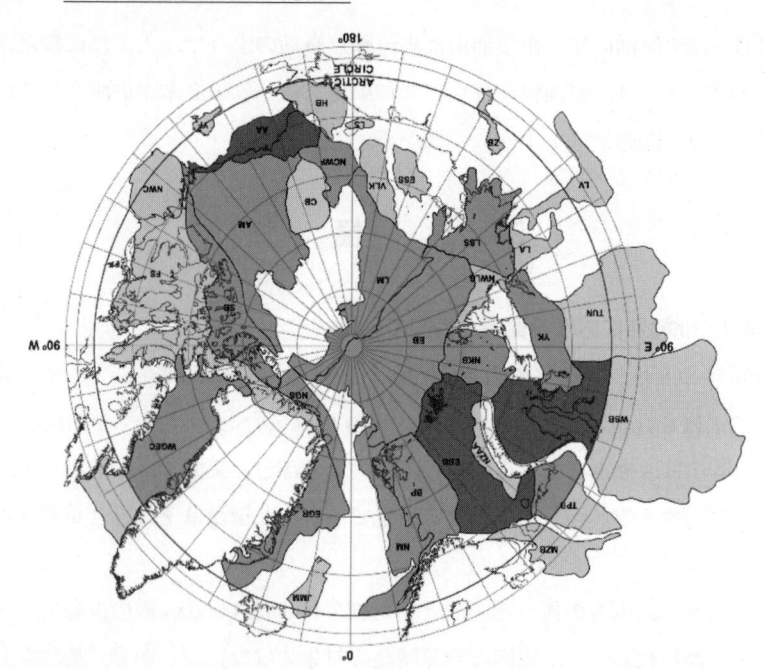

最も濃い部分は未発見ガス100兆立方フィート以上の地域，以下薄くなるに従い，6〜100兆立方フィートの地域，6兆立方フィート以下の地域を示す。

図 6.4 北極海における天然ガス資源ポテンシャル [22]

ロシア以外では，カナダのボーフォート海，アラスカのノーススロープ沖とチャクチ海などが有望視されている。

ロシアは，日本と同時期の2009年5月に，国連の「大陸棚の限界に関する委員会」に対して，大陸棚の延伸に関する申請を行う予定である。ほかに北極海を取り巻く国々では，ノルウェーがすでに2006年に，カナダが2013年，デンマーク（グリーンランドを領有）が2014年にそれぞれ大陸棚の延伸を主張すると見られ，これまで同条約の批准を行っていなかった米国も議会が批准の手続きに入った。北極海沿岸各国の活動は「氷の下の熱い戦い」と報道されているが，実際には「国連海洋法」に厳密に基づいた科学調査であり，むしろ「クールな戦い」といえるであろう。

6.4.2 北極海の海底地形

　北極海（図 6.5）は地球上の海洋の中では最も小規模なもので，面積が 1 475 万 km^2，そのおよそ半分が地形上の大陸棚を形成している。大陸棚として最も発達しているのはバレンツ海，ついでカラ海である。バレンツ海中央部での水深は 300 ～ 350 m 程度であるが，北極海の大水深部に面する付近で浅くなり，スバールバル諸島，フランツ・ヨーゼフ・ランドといった島嶼となる。中央部の海盆部分は平均水深約 4 000 m で，短軸 1 130 km，長軸 2 250 km の亜楕円状をなしている。この中にはガッケル海嶺，ロモノソフ海嶺，アルファ・メンデレーエフ海嶺の 3 条の海底地形の高まりが併行して走っている。この内，ロモノソフ海嶺は大陸地殻が発達しているといわれ，ロシア側はこの海嶺が大陸棚の延長であるとして，その大陸棚斜面の脚部から 60 海里までを大陸棚の延伸部分として申請する方針と見られる。

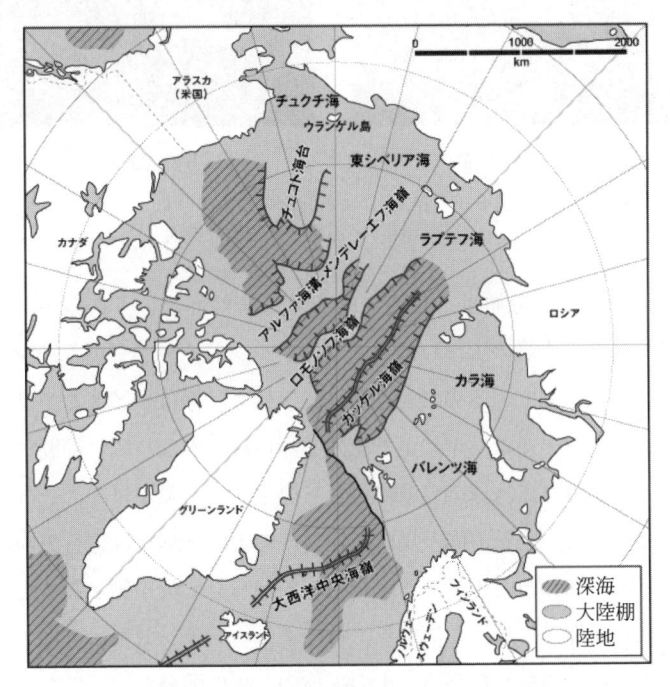

図 6.5　北極海の海底地形（JOGMEC 作成）

6.4.3 北極海における氷の変化

図 6.6 は，宇宙航空研究開発機構（JAXA）が 2007 年 8 月に行ったプレスリリースからのもので，北極海の海氷分布が過去最小となった 2005 年 9 月の面積を，2007 年 8 月にすでに下回ったというものである．極地において，地球温暖化の進行が予想以上のスピードで進んでいる事実に，関係者のみならず一般社会からも驚きをもって受け止められた．一方，このことが北極海の資源開発に対する関心を高めていることも事実である．

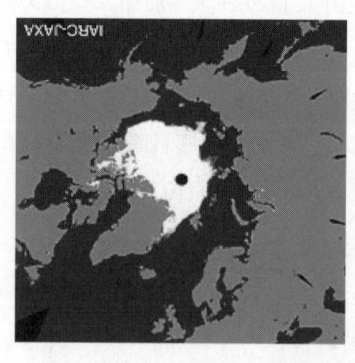

(a) 2005 年 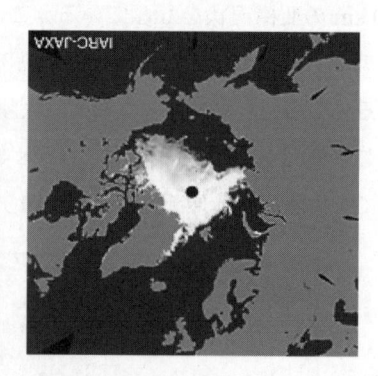　　　　　　　　(b) 2007 年

図 6.6 JAXA による北極海の氷の分布
〔出典：宇宙航空研究開発機構〕

極地における氷の分布は，東西方向で見て非対称という特徴がある．2005年における夏季の極冠の広がりは，グリーンランドやカナダのクイン・エリザベス諸島までを覆っているのに対し，ロシア側大陸棚はタイミル半島沖合いからセーヴェルナヤ・ゼムリヤに至る範囲を除けば，かなり広い範囲が海氷のない海である．これは，地球の自転によって発生する「見かけの力：コリオリの力」によるもので，回転方向が反時計回りとなる北半球では進行方向に対して垂直に右方向に加わるためである．自転方向から見て後ろ側となる東側海岸へ向かって流氷が押されることになり，特にグリーンランド東岸では，多くの油徴地があることが知られながら，氷の集積のために開発が困難になっている．一方，南から北へと移動するメキシコ湾流は，進行方向右側すなわち英国，ノ

ルウェー海岸を舐めるように北上し，バレンツ海，さらにはカラ海の北部にまで至る。バレンツ海はこのため冬季も結氷せず，ムルマンスク港は世界で最も北に位置する不凍港である。カラ海も冬季の通行不可の期間は1～2か月であるという。

6.4.4 ロシアによる油ガス田の開発

北極海の極点付近は学術調査の対象ではあっても，周辺の大陸棚，特にロシア側においては，すでに商業レベルでの資源開発が進行中である。

〔1〕 プリラズロムノエ油田　　バレンツ海最南部のペチョラ海に位置するプリラズロムノエ（Prirazlomnoye）油田は，一時期BHP社（豪）が参加していたが1999年には撤退し，その後ロスネフチ社の参加もあったが，現在はガスプロム社（Gazprom，露）が100％権益を保有している。油田の発見は1989年で，ペチョラ海の沿岸より60 km，水深20 mの位置にあり，石油の可採埋蔵量は5億バレル（8320万トン）と見られる。貯留岩は，下部二畳紀層から石炭紀層にかけての石灰岩で，より南方陸域のティマン・ペチョラ堆積盆地と基本的に共通である。

2010年にロシアのSevmash造船所から出荷される予定の耐氷性着底型プラットフォームは，石油の生産，貯蔵，積み出しのすべてを行える特性を持ち，コストは20億ドルである。生産開始は2011年を見込んでいる。同油田の生産見込みは，日量13.2万バレル（660万トン/年）で25年間の生産を予定している。これは，北極海の大陸棚で最初の油田となる。

本油田は，バレンツ海では最も南に位置し，水深も20 mと浅く，離岸距離も約60 km，メキシコ湾流の主たる流入域から外れているため，むしろ氷の条件はバレンツ海中央部よりも悪化するケースが多い。しかしながら，開発の対象は石油であり，より開発のスピードは速い。輸出にあたっては，シャトルタンカーでムルマンスク近くに36万トンのストレージ・タンカーを置き，ここから大型タンカーで国際市場に輸出される予定である。

〔2〕 アドミラル・テイスカヤ油田　　バレンツ海の北方で，ノバヤゼム

リャの近くにアドミラル・テイスカヤ油田は位置する．これは，レオニード・レベージェフ上院議員が経営する Sintez 社が保有していたが，独自開発する資金がないことから，2007年初めにロスネフチ社に，夏にガスプロム社に過半数の株式譲渡を提案していた．翌年6月には同社のライセンスを剥奪され，大陸棚法に基づき，将来的にロスネフチ社かガスプロム社が権益を取得すると見られる．天然資源省の推定によると，アドミラル・テイスカヤ油田は原油21億バレル，ガス21兆立方フィート（6 000億 m^3）の推定埋蔵量がある．

本油田は，シュトックマン・ガス田よりもさらに北方にあるものの，ノバヤゼムリャからの離岸距離は約100 km と，はるかに条件は良い．ただし，ガスプロム社がライセンスを取得しても，その開発はシュトックマン・ガス田などの開発が本格化したつぎのフェーズと考えられている模様である．

〔3〕 シュトックマン・ガス田　これまでにバレンツ海で発見された炭化水素資源の中で最大埋蔵量を誇るシュトックマン・ガス田（図 6.7）は，ムルマンスクの北東沖合い約550 km，バレンツ海のほぼ中央の水深約330 mの地点に位置し，1988年にソ連邦ガス工業省により発見された．可採埋蔵量は現時点で3.7兆 m^3（131兆立方フィート）あり，同じロシアのザポリヤルノエ・ガス田を抜いて世界で第7位，北極海大陸棚では最大の超巨大ガス田である．同海域は冬季は結氷はしないが流氷が多く存在する．

2007年，ガスプロム社はバレンツ海のシュトックマン・ガス田開発のパートナーにフランスのトタル社とノルウェーのスタットイルヒドロ社（Statoil Hydro）を選択し，両社はガス田権益は持たないが，ガス田の「特別目的会社（Special Vehicle Company）」の株式それぞれ25 ％ と 24 ％ を保有することになった．「特別目的会社」は，ガス田の開発計画の策定，資金調達，開発工事，操業，すなわち事業リスク全般にわたって請け負う．現時点での外資側のコミットはあくまで商業調査への参加までで，最終的な投資決定は2009年以降となる．

天然ガスの生産量は，2013年の生産開始時に237億 m^3/年，コンデンセート20.5万トン/年，安定生産期には年産710億 m^3/年，可能性として940億

6.4 北極海　85

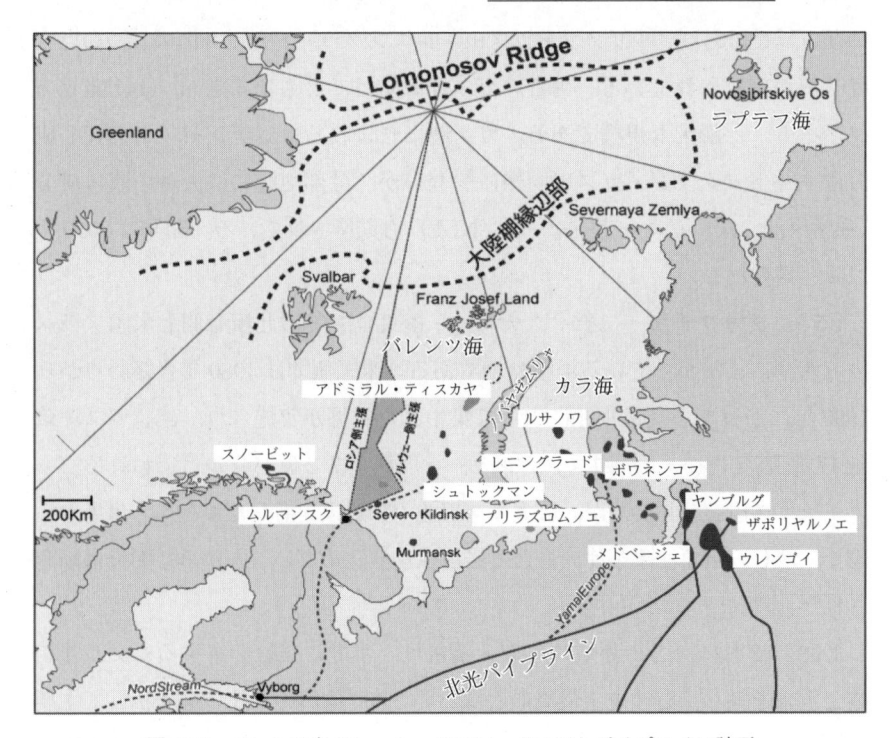

図 6.7　バレンツ海のシュトックマン・ガス田とパイプライン計画

m^3/年といわれている．LNG は 2014 年から生産開始を計画しており，第 1 段階で 750 万トン/年，コンデンセート 60 万トン/年，第 2 段階の 2020 年には 3 000 万トン/年を想定しており，コンデンセートも大幅増産される．

なお，スタットイルヒドロ社は，西方のバレンツ海ノルウェー側でスノービット（Snohvit）ガス田を操業し，2006 年 12 月から LNG を生産している．この操業経験は，ロシア側としても是非学びたい点であろう．

ガス田から LNG 基地のあるムルマンスク近郊のテリベルカ（Teriberka）村までは，565 km の陸揚げ用のパイプラインを敷設することになる．ここに LNG 基地と，ドイツ向けの天然ガスパイプライン「ノルドストリーム」に繋ぎ込まれることになる．

〔4〕　**カラ海のガス田**　　カラ海は天然ガスの豊富な西シベリア低地北部

の北方延長にあり，ルサノフ・ガス田，レニングラード・ガス田の二つの巨大ガス田が確認されている。両者のガス埋蔵量は，ともに4兆 m^3（141兆立方フィート）と膨大な規模である。ガス層に含まれるコンデンセート/NGL成分はシュトックマン・ガス田同様に少ないが，深部地層には大量の液体成分（通常原油，ないしコンデンセート/NGL）も期待されている。開発は2010年以降と見られる。

〔5〕 **チャクチ海**　チャクチ海は，極東ロシアの北極海側と米国アラスカ北西沖にまたがっている堆積盆地である。米国側では1980年代終わりから1990年にかけて，シェル社によって集中的な試掘が実施され，確認ガス埋蔵量17兆立方フィート，同コンデンセート埋蔵量7.2億バレルといわれるバーガー・ガス田を発見したが，巨大ガス田並みの規模を有しながらも，市場から遠く，厳しい気象海象条件のもとで経済性が見込めないことから，開発は断念された。

2008年2月に，この海域は再び公開され，すでに経験を有するシェル社が捲土重来を期し，石油史上最高額となる約2300億円の入札金を支払って主要鉱区のほとんどを落札した。鉱区の大量取得と探鉱の集中は，これまでも優れた業績を挙げてきたシェル社独特の探鉱戦略である。チャクチ海のロシア側でも堆積盆地の広がりは確認されており，すでに西側の物理探査会社によって詳細な地震探鉱が行われ，データが売りに出されている。米国側のみならず，ロシア側での探鉱活動も今後期待され，米露が一体となった開発がゆくゆくは展開される可能性もある。

6.5　カスピ海地域

カスピ海上の油田開発は比較的最近始まったばかりだ。それは，ソビエト時代の海洋油田開発技術が未熟なため，カスピ海上の油田開発を行なうことができなかったからである。著名なアゼルバイジャンのACG（アゼリ-チラグ-グナシリ）油田も，ソビエト時代からその存在が知られていたにもかかわら

6.5 カスピ海地域

ず，開発に手はつけることができなかったのだ。

ソ連が崩壊した1990年代以降，欧米の国際石油会社がカスピ海での石油の探鉱・開発に乗り出したことから，ようやくカスピ海上の沖合油田の開発が進むようになった。つまり，カスピ海では本格的な探鉱・開発活動が始まってからまだ20年も経っておらず，まだまだ未探鉱エリアが多いというのが現実である。

そして，カスピ海周辺の各堆積盆地（図6.8）の地質ポテンシャルは一般にきわめて高く評価されている。一時期「第二の中東」などともてはやされたが，実際にはそれほどの埋蔵量が確認されているわけではなく，これまでのカスピ海での探鉱では石油やガスを見つけられずに失敗に終わっている例ももちろんある。しかし，2000年に発見されたカシャガン油田に限らず，その後の探鉱でもしばしば石油・ガスの発見は続いていることはあまり知られていない。

本節では，カスピ海における石油埋蔵量のポテンシャル，そして実際に発見されているカスピ海上の探鉱成功例を中心に紹介していきたい。

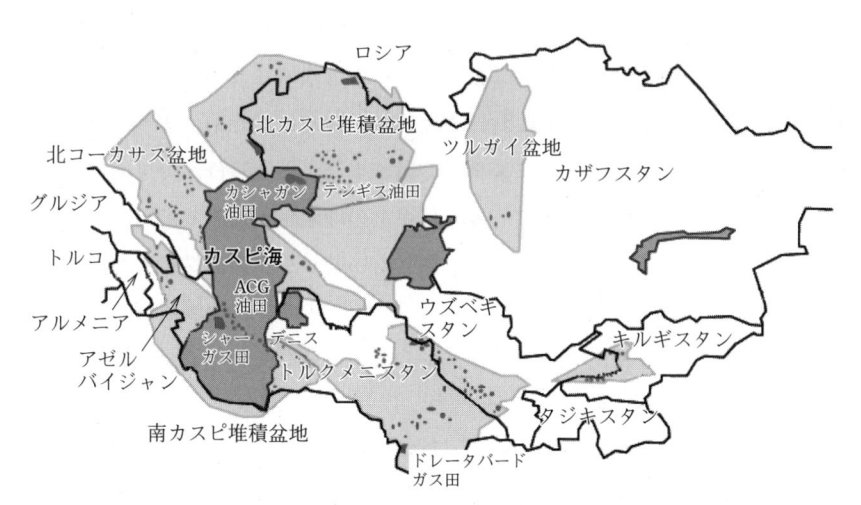

図6.8 中央アジア・カスピ海周辺国の主要油ガス田と堆積盆地（JOGMEC作成）

6.5.1 カスピ海沖合の石油埋蔵量ポテンシャル[23]

　カスピ海地域が新たな産油地帯として注目されたのは1997年に米国国務省が残存可採埋蔵量と今後発見されるであろう推定可採埋蔵量の合計を1780億バレルと公表し,「第二の中東」として扱ってからである。その後,米国政府の地質専門家集団,米国地質調査所は2000年の報告[5]で,既発見(既生産含む)＋未発見の合計で700億バレル(ロシアを除く)という推計値を掲げた(**表6.4**,斜体数字の合計620億バレルは700億バレルの内数)。

表6.4 旧ソ連各国の石油の確認および未発見埋蔵量[5]

単位：10億バレル

	残存埋蔵量	未発見埋蔵量		合計
		陸域	海域	
ロシア	137.5	66.3	11.1 (カスピ海3.5)	77.4
カザフスタン	*20.1*	7.9	13.3	*21.1*
アゼルバイジャン	*4.5*	0.2	6.1	*6.3*
トルクメニスタン	*1.8*	0.5	6.3	*6.8*
ウズベキスタン	*1.3*	0.1	(海に面していない)	*0.1*
ウクライナ	1.8	1.3	0	1.3
その他	0.3			3.0
合計	167.3			116.0

　特に,カスピ海北部のカザフスタンとロシアの水域にまたがる北カスピ堆積盆地および南カスピ堆積盆地における埋蔵量が非常に大きい。カザフスタン,アゼルバイジャン,トルクメニスタンの海域未発見埋蔵量は,カスピ海以外の外洋に面していないため,すべてカスピ海上の埋蔵量見通しである。一方,ほかの旧ソ連に比して111億バレルと卓越しているロシアの海域の数量をカスピ海域に限定すると約35億バレルとなる。つまり,カスピ海域に限るとロシアよりもカザフスタンやアゼルバイジャン,トルクメニスタンのポテンシャルの方が高いことになる。

　もちろん,次項以降で見るように,ロシア水域やカザフスタン水域のカスピ海において,カシャガン油田以降にも探鉱が成功して油田が発見されるケースがずっと継続しており,そのペースから考えると,米国地質調査所のデータも

上方修正する必要があるかもしれない。

6.5.2　カスピ海の石油地質の概要

つぎにカスピ海の石油地質についてより詳しく見ていきたい。カスピ海は，図 6.8 に示したとおり，南から北へ，南カスピ堆積盆地，北コーカサス堆積盆地，北カスピ堆積盆地の三つの堆積盆地がある。

南カスピ盆地は，位置的にはコーカサス山脈の山中にある「山間盆地」の性格を有するが，ACG 油田などの主力油田の分布するアプシェロン海橋（Absheron Sill）付近は，新生代の古ボルガ河デルタの発達していた地域で，デルタ性堆積物が豊富な有機物と貯留岩になる砂岩を運び，石油鉱床の形成に結びついた。19 世紀に開発されたバクーの油田地帯もここに位置する。ボルガ河は現在 800 km ほど後退して，アストラハンにデルタが形成されている。

北コーカサス盆地とは，ロシア側ではダゲスタン共和国，カザフスタン側ではマンギシュラク半島の南側に中生代のジュラ紀，白亜紀の砂岩・石灰岩・泥岩層が広がり，間のカスピ海底も同様の地層からなる。代表的な油田としては，マンギシュラク半島のウゼニ油田（埋蔵量約 38 億バレル）があり，今後はカザフスタン沖合のカスピ海も注目される。

北カスピ盆地は，1 000 km × 500 km の楕円形をした堆積盆地で，岩塩ドームが発達しているなどの特徴から，19 世紀からメキシコ湾との類似が指摘されてきた。そして，メキシコ湾に面するテキサスのスピンドルトップで 1901 年に石油が発見されると，北カスピにおいても石油探査が始まり，早くも 1912 年には最初の油田が発見された。これは，テキサスと同様に岩塩ドームの周辺に形成された小規模な油田であり，その後の 1970 年代まであまり脚光を浴びることのない地味な産油地帯であった。

この地域が注目されるようになったのは，古生代の二畳紀の岩塩層の下位の下部二畳紀層・石炭紀層の珊瑚礁後の石灰岩への試掘が成功した 1979 年以降である。これが今日，巨大なテンギス油田となり，埋蔵量は約 90 億バレルといわれている。岩塩は非常に緻密でシール能力が格段に優れているため，厚い

油層を確保できる反面,通常の2倍ほどの高い油層圧となるため,掘削と油田管理に高い技術を要する。また,岩塩に含まれる硬石膏（$CaSO_4$）から硫酸還元バクテリアの働きで出る硫化水素が随伴ガスの約18％あり,生産にあたっては脱硫装置の建造,そして生成される硫黄の処分が前提となる。また岩塩層の表面は流動して不規則な形状であるため,地震探査の地震波の乱反射のために岩塩層以深の地質構造の把握が困難であるなど,多くの技術的課題を要するのが実態である。

2000年には,カスピ海の浅海でテンギス油田と同タイプのカシャガン油田が発見されたが,近年はロシア海域でも発見が続いており,今後もさらに巨大油田発見の可能性のある地域である。

6.5.3　カザフスタン水域カスピ海

北カスピ海におけるおもな石油開発鉱区および油田を図6.9に示す。

［1］　**カシャガン油田**　　カスピ海の最も著名な油田の一つ,カシャガン油田は2000年に発見された。ENI社がオペレータを務めるコンソーシアム側によれば,可採埋蔵量は90〜130億バレルである。ピーク時の生産量は120万バレル/日に達する見込みであるが,開発作業（図6.10）は困難をきわめて生産開始時期が何度も延期されて,現在では2013年の生産開始を目指している。

同じ北カスピ堆積盆地に位置しているが近隣の陸域にはシェブロン社が中心になって開発を進めているテンギス油田も存在している。このほかにも北カスピ堆積盆地には数多くの中小の油・ガス田が存在していることで知られている（表6.5）。

カシャガン油田は浅海に位置しているために,かえって難しい開発技術（人工島の建設など）が求められること,また生産される原油に硫黄分が多いこと,さらには油価の高騰に伴う建設資機材・各種サービス・人件費の高騰などの要因もあって,再三にわたって開発計画の見直しを強いられてきた。開発の遅れとコストの増加（＝国の取分原油の減少）についてカザフスタン政府は強

6.5 カスピ海地域

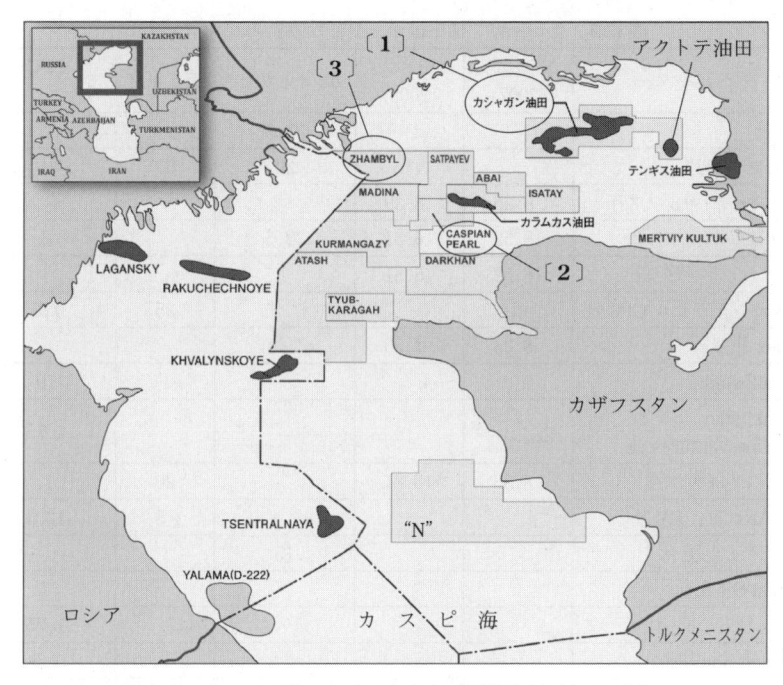

図 6.9 北カスピ海におけるおもな石油開発鉱区および油田

図 6.10 カシャガン油田開発工事の状況〔出典：国際石油開発帝石株式会社〕

い不快感を持っていると伝えられている。実際に契約条件の見直しなども行なわれているが，カシャガン油田の開発工事（図 6.10，**図 6.11**）そのものは着々と進んでおり，将来の重要な石油供給源として大きく期待されていることに変わりはない。

また，カシャガンの後に 2002 年以降に発見されたカラムカス油田，アクト

6. 新しい有望な発見

表 6.5　カシャガン油田ほか，おもな事業の参加シェア

オペレーター	カシャガン (2007)	カシャガン (2008)	カラチャガナク	テンギス	CPC パイプライン
BG 社			32.5		2
シェブロン社			20	50	15
コノコ・フィリップス社	9.26	8.39			
ENI 社	18.52	16.81	32.5		2
エクソンモービル社	18.52	16.81			
エクソンモービル CPC 社				25	7.5
Inpex 社	8.33	7.56			
Kazakhstan					19
Kazakhstan Pipeline Ventures 社					1.75
カズムナイガス社	8.33	16.81		20	
LukArco 社，BV 社				5	12.5
ルクオイル社			15		
Oman Oil 社					7
Oryx 社					1.75
Rosneft-Shell 社					7.5
シェル社	18.52	16.81			
トタル社，SA 社	18.52	16.81			
ロシア政府					24

〔出典：米エネルギー省エネルギー情報局〕

図 6.11　冬季のカシャガン油田開発状況〔出典：国際石油開発帝石株式会社〕

テ油田などの 4 油田はカシャガン油田と同じ主体が事業を行なっているが，これらもすでに探鉱で大規模な石油の存在が確認されており，今後の開発が楽しみである。

〔2〕**Zhemchuzhiny**鉱区（別名 **Caspian Pearl**）　カシャガン油田の南西部，北ウスチュルト堆積盆地に属する鉱区である。2005年12月に一部報道では，カザフスタン国営カズムナイガス社が40％，シェル社が40％，Oman Oil 社が20％のシェアで生産物分与契約を締結，現在も商業量の石油・ガスを求めて探鉱作業が続いている。

ここでは2007年に掘削された試掘井により，Hazar 構造での石油の存在が認められているが，7.3億バレル以上の埋蔵量が期待できるとの見方がある[24]。また，2008年7月には Auezov 構造で第2号井の掘削が始まったと伝えられており[25]，今後の探鉱作業によって油田開発の採算性が確保できる石油埋蔵量が発見されることが大いに期待されている。

〔3〕**Zhambyl**鉱区　アルマティにも根拠を置いている韓国国営 KNOC 社が，韓国の企業とコンソーシアムと共同で，ロシア水域に面する Zhambyl 鉱区での石油探鉱を行うため，生産物分与契約をカズムナイガス社と2008年2月に締結した。

カズムナイガス社が73％，韓国コンソーシアムが27％のシェアを持っており，6年間，4 100万ドルをかけて探鉱を行うことになっている。まだ，石油の存在は確認されてはいないが8.8億バレルから12.6億バレル[24,26]の埋蔵量が期待されている。

このほかにも，カズムナイガス社が単独で権益を7月に獲得した Mertvyi Kultuk 鉱区（12億バレルの期待埋蔵量）[26]やほとんど探鉱が行われていないが雄大な構造が期待され，コノコ・フィリップス社（ConocoPhillips, 米）が開発に向けてカズムナイガス社と MOU を締結した N 鉱区も未開発のまま残されている。Abai（28億バレル），Isatay（17.5億バレル），Satpayev（18.5億バレル），Darkhan（11億バレル）[24]といった探鉱が余り進んでいない鉱区でも，欧米の国際石油会社が強い興味を持ってカザフスタン政府にアプローチしているといわれている。ちなみにカザフスタン水域カスピ海上の鉱区は入札ではなく直接交渉で権益が付与されている。

6.5.4 ロシア水域カスピ海

2008年5月にカスピ海中央部，ルクオイル社（Lukoil，露）とガスプロム社がそれぞれ50％のシェアを持つTsentralnoye鉱区の探鉱が成功したと報じられた。低硫黄原油の存在を確認し，商業量に値するようなテスト生産が行なわれている。ロシア，マハチカラの沖合約150 kmに位置する構造であるが，一部がカザフスタン水域に掛かっている可能性もあり，今後カザフスタンとの共同開発も検討されることとなる見込みである。試掘2号井の掘削は，1号井の結果や地震探鉱結果を見て判断されることになるが，いまのところ，期待埋蔵量は原油38億バレル，ガス917億m^{3}とされている。2008年10月には3次元地震探鉱を追加的に行って，地下構造をさらに詳細に把握する作業を行なうことも報じられている[27), 28)]。

ロシア水域カスピ海，アストラハンの南に位置するLagansky鉱区でスウェーデンのLundin社が試掘を行い，2008年7月に原油が発見された。Lundin社は，10月に可採埋蔵量5億バレル弱程度と推定値を発表した。今後，2008年から2009年にかけて4坑の掘削を行い埋蔵量確定を行う方針である。

2008年9月上旬，ロスネフチ社が，カスピ海West-Rakushechnaya構造における探鉱で石油を確認したが，推定埋蔵量規模は未発表である。テストで440バレル/日の生産をしている。ロスネフチ社，ルクオイル社が49.9％ずつ，そしてガスプロム社が0.2％の権益を保有している。2008年中にもう1本の坑井を掘削する予定となっている[29)]。

このほかにも，シェル社は2008年8月にロシア・カルムイキア共和国政府との間で，石油・ガス開発にかかる覚書（framework cooperation agreement）を締結した。

シェル社は，ワーキンググループを設立して，カルムイキア側と情報交換を行いながら，陸上，カスピ海上，双方で探鉱・開発の事業機会を狙うこととしている[30)]。ロシア水域の探鉱でも一定の成果が上がっていることがおわかりいただけると思う。

6.5.5 アゼルバイジャン水域カスピ海

2008年9月現在,日量約90万バレルを生産しているACG油田が発見されたのは1970年代から80年代にかけてであった.その後,アゼルバイジャンでは大きな油田の発見のニュースはない(ただし,シャー・デニス ガス田の発見は1999年と新しい).

1990年代後半を中心に日本企業も含めて,かなりの探鉱作業が行われた結果,アゼルバイジャン水域での探鉱はかなり進展したが,その結果は余り芳しいものではなかった.特にカスピ海に突き出しているアプシェロン半島から南,シャー・デニス ガス田よりもさらに南のエリアを中心に,10件の生産物分与契約が締結されたが,残念ながらACG油田以外に商業的に成功した例はこれまでのところない.2007年から2008年にかけて,試掘が行なわれたInam構造でも,残念ながら石油やガスの発見には至らなかった.シャー・デニス ガス田以南のエリアでは,原油・ガスが貯留される砂岩層が急激に少なくなっている可能性も指摘されている(図6.12).

しかし,2007年11月にシャー・デニス ガス田の7300mという深層で新たなガス層が発見されたことから,コンデンセートの埋蔵量は3億バレルから10億バレル程度に増大した模様である.このため,例えばAbsheron Deep Waterの深層の追加探鉱に,一度撤退したフランスのトタル社が舞い戻る動きを見せたりしている.

また,アプシェロン半島の北側,ロシア水域と接しているYamala構造の探鉱をルクオイル社が積極的に進めようとしている.2005年に試掘第一号井が掘削されて,これは失敗に終わったが,ロシア水域のTsentralnoye鉱区(前述)での探鉱が成功したことで,Yamala構造での探鉱に勢いが出てきているようだ.現在,Yamala構造探鉱の権益はルクオイル社80%,アゼルバイジャン国営石油会社のSOCAR社が20%となっているが,フランスのGaz de France社も,ルクオイル社の権益のうち15%を取得して参入しようとする動きが出てきている.

96   6. 新しい有望な発見

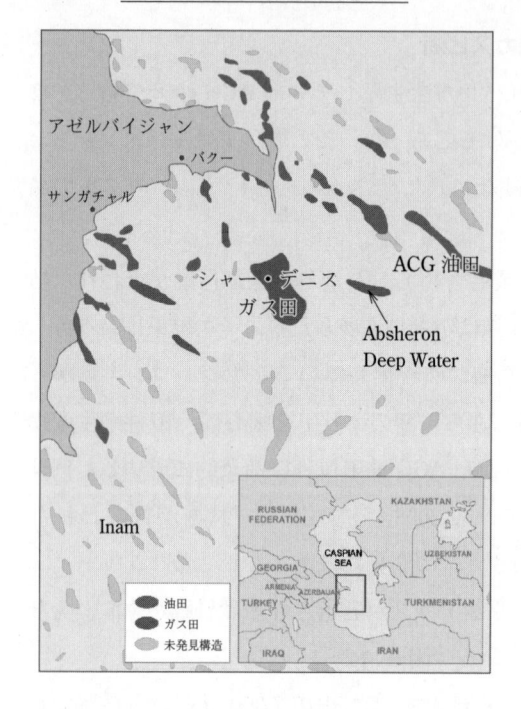

図6.12 アゼルバイジャン沖合の油・ガス田（JOGMEC作成）

6.5.6 トルクメニスタン水域カスピ海

アゼルバイジャンの沖合と比較して，トルクメニスタンの沖合鉱区（**図6.13**）における探鉱密度はまだ粗い。

ACG油田と同じトレンド，アプシェロン海橋（Absheron Sill）上には，いくつかの油田・ガス田が連なっている。ここでは，マレーシアのペトロナス・チャリガリ社，UAEのDragon Oil社が原油・ガスの生産を行なっているが，それぞれの生産量は日量1万バレル，3万バレル程度に止まっている。

また，Block11および12ではドイツのWintershall社とデンマークのMaersk社，インドのONGC Mittal社が共同で探鉱を行っている段階であり，試掘により石油・ガスの存在は確認されることが期待される。ただし，2008年に掘削した試掘井では，石油・ガスの発見ができなかった，という報道もある。

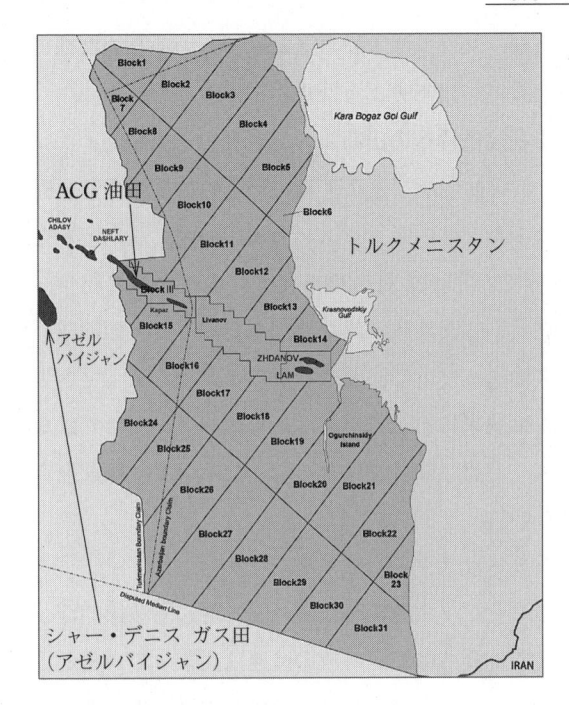

図 6.13 トルクメニスタン海域の鉱区図（JOGMEC作成）

そのほかの鉱区でも，BP社，スタットイルヒドロ社，シェブロン社，シェル社，カザフスタン国営カズムナイガス社，ルクオイル社，TNK-BP社，ガスプロム社，ザルベジネフテ社，ロスネフチ社などがカスピ海上での石油・ガス探鉱に興味を持ってトルクメニスタン側にアプローチしているが，生産物分与契約の締結・探鉱事業の開始までには至っていない。

しかし，トルクメニスタン沖合における石油埋蔵量ポテンシャルは大きいことも忘れてはならない。西側企業の探査技術・生産技術が適用されることで，新たな埋蔵量の発見，生産量の拡大も期待されるところだ。

6.5.7 ま と め

これまでの探鉱活動を通じて，2002年以降にこれまで紹介したような，相当規模，相当数の探鉱成功例があることから，カスピ海には将来的に一定の石油・ガスが存在する地質的ポテンシャルが残されていることに疑いの余地はな

いだろう。しかし，これまでカザフスタンやトルクメニスタンの沖合の探鉱のペースが上がらなかった理由として，以下のような点が挙げられる。

① 経済性が担保できる国際石油市場への出荷ルートがない（少ない）

2006年にBTCパイプラインが稼動したことにより，一定の数量の原油を経済的に出荷することが可能になったとはいえ，カスピ海周辺の巨大な生産量を捌くには輸送能力はまだ不十分である。また，2008年8月のグルジア紛争，イランやロシアと欧米との対立といった地政学的な要因も石油・ガスの輸送リスクの増大，新たな石油・ガス輸送ルートに必要な投資のインセンティブを失わせる，という問題点もある。事業家にとって見れば，上流リスクだけではなく，パイプラインへの投資リスクも負わなければならなくなるので，探鉱投資の決定も慎重に行わざるを得ない。

② ホスト国の政策・カントリーリスク

トルクメニスタンでは，先のニヤゾフ大統領時代に外国に対して閉鎖的だった体制が問題であったが，徐々に外資への鉱区解放の機運は高まっているが，具体的な進展はまだ見られない。また，カザフスタンでは，国家による地下資源の管理を強化して，資源開発からより大きな利益を確保しようとする動きが強まっており，必ずしも良好な投資環境であるとはいえない。

特に，これらの地域では，油価・ガス価の高騰により石油・ガス開発を通じて十分な収益が現時点では上がっているため，中央アジア・カスピ海周辺国の各国政府には外資を導入してまで，急に収益を上げるインセンティブに乏しいのではないか，とする見方もある。

また，カスピ海の法的地位が定まらず，各国の水域がなかなか確定しないため，活動できる範囲が限られる点も問題点の一つである。

③ 閉ざされたカスピ海／探鉱資機材の不足

外洋から掘削リグなどを持ち込むことが難しく，探鉱作業はどうしても遅れがちになる。これに対する効果的な解決策はいまのところ，見つかっていない。自分たちで掘削リグを建造してしまうケースもあるが，これも追加的なリスクを負わなくてはならなくなる。

カスピ海における探鉱・開発のポテンシャルを実際の埋蔵量に，そして生産量に転嫁していくには，これまでよりも増して大きな探鉱投資やインフラ投資が必要であり，そのためには上述した問題点も並行して徐々に改善していくことが不可欠である．

また，これまであまり聞かれなかったイラン領カスピ海での探鉱の動きも最近では伝えられるようになっており，イラン側の動きにも注目が必要である[†]．

6.6 メキシコ湾米国海域の新生代古第三紀層での発見

現在の米国全体の原油の残存確認可採埋蔵量は214億バレルで，そのうちメキシコ湾は約20％に相当する41億バレルを占める．一方，天然ガスは米国全体で193兆立方フィートの残存確認可採埋蔵量があり，メキシコ湾には約10％に相当する19兆立方フィートが賦存する．

炭化水素の水深別追加発見埋蔵量の推移を見ると，シェル社による1989年のマース油田の発見以降，大水深（水深300 m～）が浅海を圧倒している．メキシコ湾では60年代後半より約40年に渡り，原油で100万バレル/日レベルの生産を続けて累計生産約130億バレルを達成し，天然ガスも100億立方フィート/日以上の生産を続けて累計生産約150兆立方フィートを達成しているが，つねにその生産を下支えしてきたのが探鉱による追加発見埋蔵量である．そこで，近年においてさらに深い超大水深（1 500 m～）にて発見が相次ぐ新生代古第三紀層に注目してみよう．

メキシコ湾における試掘は1938年に開始され，1947年にはカーマギーによって初の海底油田「Ship Shoal 32油田」が発見され，同年に生産が開始さ

[†] イラン領カスピ海のプロジェクトにONGC Videsh 社とCNOOC 社が食指を動かしている．通常イランでは石油開発に当たり生産物分与契約は認めていないが，カスピ海での探鉱は比較的深海域であり，政府も生産物分与契約を認める方向で検討中であると，NIOC関係者が発言している．深海であり，特別扱いする由[31]．

100 6. 新しい有望な発見

れた。以来，浅海域を中心に探鉱開発が進み，1971年に原油生産量が100万バレル/日を超えるピークに達した。

大水深に関しては，1989年のマース油田など巨大油田の発見を機に注目を浴び，1995年のロイヤリティ免除法の制定により探鉱開発活動が急速に活発化した。メキシコ湾大水深の原油生産量は，同法施行以降に急激な伸びを示し，2002年には浅海域におけるピークの100万バレル/日に迫るレベルに達した（図6.14）。現在のメキシコ湾の原油生産レベルは浅海50万バレル/日，大水深100万バレル/日となっている。現在，メキシコ湾の主要貯留層は新生代中新世層（Miocene）以浅の地層で，累計生産量の99％を産出している。

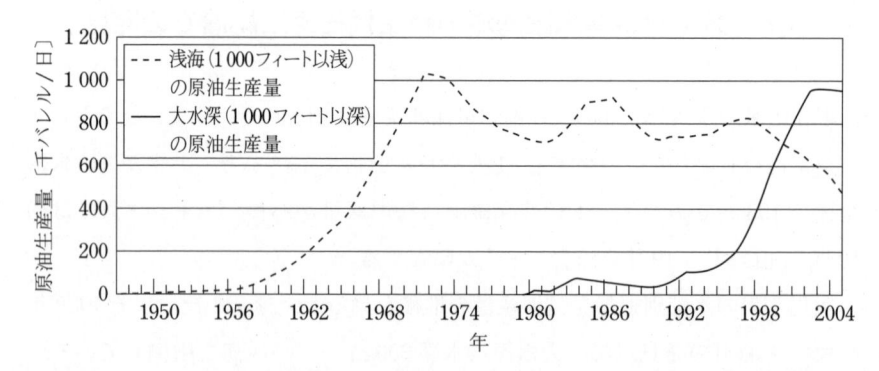

図6.14 メキシコ湾浅海および大水深の原油生産量〔出典：米国内務省鉱物管理局MMS資料より〕（JOGMEC作成）

一方，メキシコ湾は巨大な岩塩の堆積盆地（図6.15）であり，岩塩の流動に関連する構造運動は，石油・天然ガスのトラップ形成という油田成立の大きな要素である。岩塩はかつて広く浅海域にも分布していたが，陸側からの大量の堆積物の供給により深海側に向かって押し出された結果，現在ではおもに大水深エリアに岩塩が厚く分布している。

岩塩より上位の地層は基本的に岩塩層を滑り面として深海側に滑動し，大水深エリアには広範な褶曲帯が形成されている。

新生代古第三紀層は，褶曲帯周辺に存在しており，ルイジアナ沖合のジャックを含む油田群はミシシッピー海底扇状地褶曲帯の南西部に属し，グレートホ

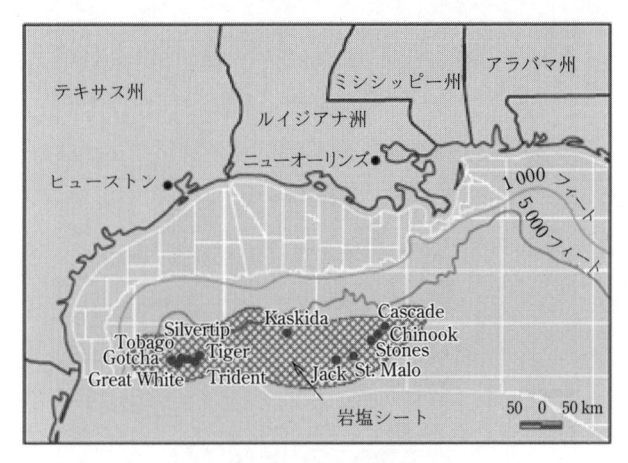

6.6 メキシコ湾米国海域の新生代古第三紀層での発見

図 6.15 メキシコ湾の古第三紀層での発見油田の位置
（米国内務省鉱物管理局資料より JOGMEC 作成）

ワイトを含む油田群はテキサス沖合の東北 – 南西方向のトレンドをもつペルディド褶曲帯に属する。古第三紀層における発見油田は，いずれも岩塩シート近傍または岩塩シート下の構造となっている（図 6.15 および **図 6.16**）。

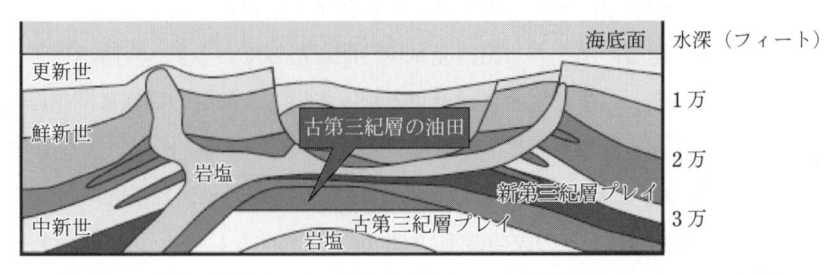

図 6.16 古第三紀層プレイの概念図（デボンエナジー資料より JOGMEC 加筆）

いま，岩塩シートの下に潜む新生代古第三紀層という石油探鉱対象（プレイ）が，その埋蔵量ポテンシャルの大きさから俄然注目を浴びている。貯留層は，Wilcox 層のタービダイト（海底扇状地に堆積した砂層と泥層の互層）の砂岩であり，最大数百フィートもの層厚を有して連続性よく分布しているため貯留岩とならないリスクは小さいとされる（**図 6.17**）。

一方，メキシコ水域については，北部に米国水域から連続するペルディド褶

6. 新しい有望な発見

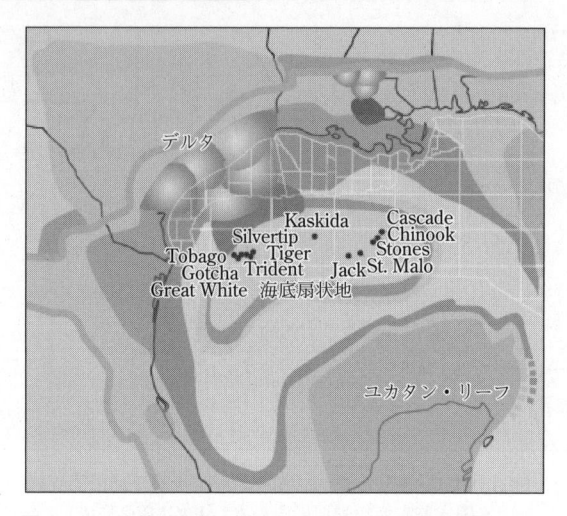

図 6.17 古第三紀層（暁新世〜始新世）の貯留岩 Wilcox 層の堆積環境

曲帯が存在する。また，その南方では褶曲帯が南北方向に変わり，長大なメキシカンリッジ褶曲帯が形成されている。メキシコ水域の岩塩については，南に向かって分布が狭まり，メキシカンリッジ褶曲帯では存在しなくなる。

新生代古第三紀層の油・ガス田は発見後時間がたっておらず，現時点で未開発であることから，いまだ生産量はゼロとなっている。同層の探鉱エリアは，メキシコ湾の超大水深に東西に広がっている。

2001 年以降の約 5 年間で同層には試掘井 19 坑が掘削され，12 の油田が発見されている（**表 6.6**）。その成功確率は 63％ と驚異的なレベルにある。

発見された 12 油田のオペレーターはシェブロン社が 6 油田と最も多く，BHP 社，BP 社，トタル社，シェル社などの大手石油会社が続いている。パートナーとしてはデボンエナジー社，ペトロブラス社，スタットイルヒドロ社など大水深を重視する会社が参加している。水深は 5 000 フィート（約 1 500 m）以深の超大水深だ。

同層の有望性を世に知らしめたのは，試掘井 Jack-2 の成功である（2006 年 9 月出油テスト 6 000 バレル/日，ニューオーリンズ沖合 450 km，水深

6.6 メキシコ湾米国海域の新生代古第三紀層での発見

表6.6 古第三紀層における発見油田一覧

発見油田名	鉱区名	オペレーター	水深(フィート)	発見年
Trident	AC 903	シェブロン社	9 687	2001
Great White	AC 857	シェル社	8 009	2002
Cascade	WR 206	BHP社	8 203	2002
Chinook	WR 469	BHP社	8 826	2003
St. Malo	WR 678	シェブロン社	6 900	2003
Tobago	AC 859	シェブロン社	9 627	2004
Silvertip	AC 815	シェブロン社	9 226	2004
Tiger	AC 818	シェブロン社	9 004	2004
Jack	WR 759	シェブロン社	7 000	2004
Stones	WR 508	BP社	9 576	2005
Gotcha	AC 856	トタル社	7 600	2006
Kaskida	KC 292	BP社	5 860	2006

(米国内務省鉱物管理局資料より JOGMEC 作成)

2 130 m, 掘削深度 8 588 m)。評価井 Jack-3 号井は 2007 年第 3 四半期から掘削中である。

メキシコ湾大水深における探鉱を成功に導いた一つの要因として，3 次元地震探鉱とイメージング技術の進歩があげられる。図6.18（a）は 3 次元地震探鉱データの収録地域であり，メキシコ湾大水深の探鉱対象鉱区エリアのほぼ全域をカバーしていることがわかる。ここで重要なことは，収録された地震探鉱データに対して「重合前深度マイグレーション」という特殊処理が広範なエ

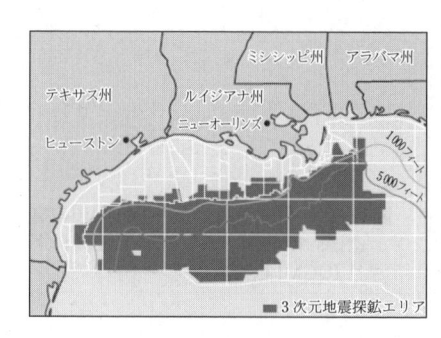

(a) メキシコ湾大水深における
3 次元地震探鉱エリア

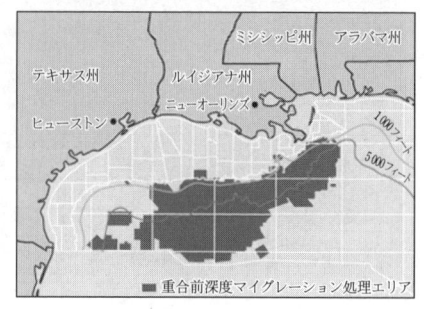

(b) メキシコ湾大水深における重合前
深度マイグレーション処理エリア

図6.18 メキシコ湾大水深における 3 次元地震探鉱マップ
(米国内務省鉱物管理局資料より JOGMEC 作成)

6. 新しい有望な発見

リアで実施されるようになった点である（図6.18（b））。

一般にメキシコ湾で地震探鉱を実施すると，岩塩周辺とその下位層のイメージングが，弾性波の散乱によりきわめて困難となり，最大の探鉱リスクは構造把握にあると認識されていた。しかし，近年の「重合前深度マイグレーション」処理技術の進歩により，岩塩層およびそれより下位の構造のイメージングが向上し，それに伴い試掘の成功確率が高まったのである。**図6.19**は，発見油田の一つSt. Maloに対して，同処理が施された地震探鉱断面の実例であり，岩塩（allochthonous salt）の下位層が鮮明になり構造が容易に把握できることがわかる。

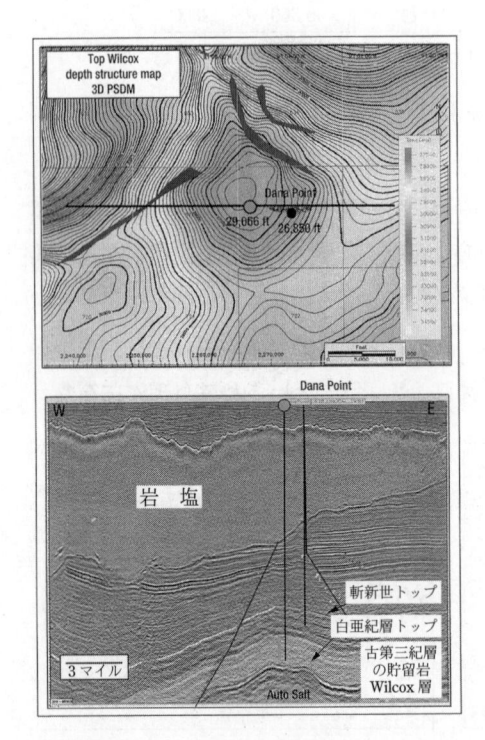

図6.19 発見されたSt. Malo油田の構造図，断面図（シェブロン社資料よりJOGMEC作成）

発見油田の埋蔵量規模については各種報道で数千万バレルから数億バレル規模が示唆されている。一般に新規発見油田は埋蔵量に関連する情報に乏しいが，デボンエナジー社が権益を有する4油田のデータを見てみると，Jackの

6.6 メキシコ湾米国海域の新生代古第三紀層での発見

場合は油層の有効層厚が350フィート（約100 m）以上と発表している。さらに，有効層厚は，Cascade油田とSt. Malo油田でともに450フィート（約135 m）以上，Kaskida油田で約800フィート（約240 m）としている（**表6.7**）。

表6.7 デボンエナジー社の古第三系発見油田の情報

発見油田名	発見年	権益比率〔%〕	油層の有効層厚〔フィート〕
Cascade	2002	50	450以上
St. Malo	2003	22.50	450以上
Jack	2004	25	350以上
Kaskida	2006	20	約800

4油田の同社権益分の期待埋蔵量は3〜9億バレルと公表
（デボンエナジー資料よりJOGMEC作成）

現段階における埋蔵量についても，4油田の同社権益分（20〜50%）で期待される埋蔵量を合計3〜9億バレルと見ていることから，各油田規模は数億バレルの大油田であると推定される。

さて，今後の同層の探鉱活動は12油田の発見を受けて，加速していくことが予想されるが，将来の探鉱ポテンシャルについては，シェブロン社が可採埋蔵量30〜150億バレルに達する可能性を指摘している。同層に対する探鉱は未だ初期段階であるが，パートナーであるデボンエナジー社およびペトロブラス社の情報によると，両社保有鉱区には少なくとも合計25の探鉱対象候補の構造（プロスペクト）が存在している（**図6.20**）。

両社の鉱区面積は，同層の探鉱エリアの数%程度であり，全探鉱エリアにはおそらく数百ものプロスペクトが存在すると考えられる。かりに将来的に100のプロスペクトに対して探鉱がなされ，その成功確率を40%と想定し，各プロスペクトの埋蔵量を5千万〜5億バレルとして概算すると，プレイ全体の埋蔵量が20億〜200億バレルとなる。すなわち，シェブロン社のいう「30億〜150億バレル」の値は想定できる範囲にあると考えられる。

同層は2001年以降，12の発見油田を数えるが，実際に開発に移行したものは未だない。これは，超大水深・大深度掘削という過酷な条件のため技術的課

6. 新しい有望な発見

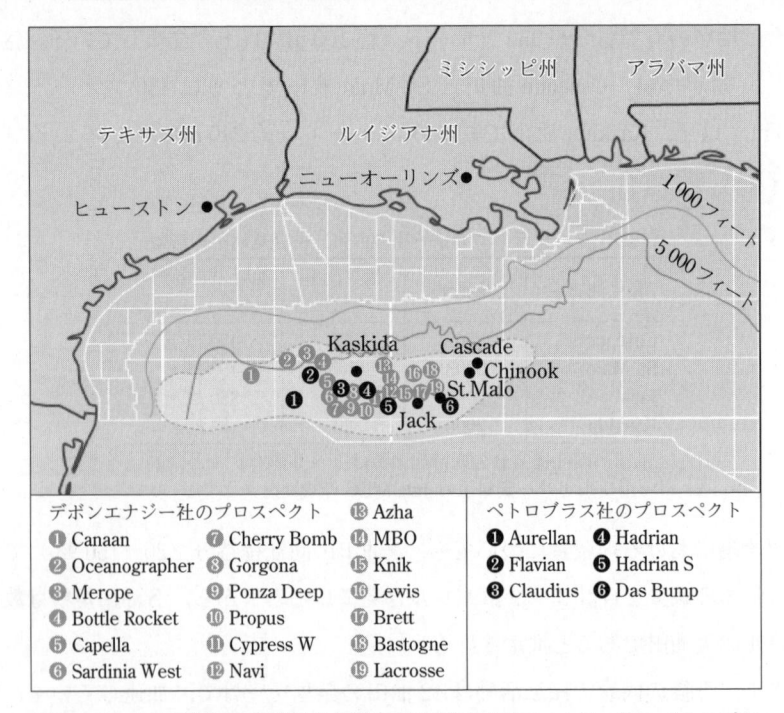

図 6.20 古第三紀層の探鉱対象構造の位置図（デボンエナジー社・ペトロブラス社のホームページより作成）

デボンエナジー社のプロスペクト
① Canaan
② Oceanographer
③ Merope
④ Bottle Rocket
⑤ Capella
⑥ Sardinia West
⑦ Cherry Bomb
⑧ Gorgona
⑨ Ponza Deep
⑩ Propus
⑪ Cypress W
⑫ Navi
⑬ Azha
⑭ MBO
⑮ Knik
⑯ Lewis
⑰ Brett
⑱ Bastogne
⑲ Lacrosse

ペトロブラス社のプロスペクト
❶ Aurellan
❷ Flavian
❸ Claudius
❹ Hadrian
❺ Hadrian S
❻ Das Bump

題が大きいこととともに，昨今の開発コストの高騰が大きな問題になっていることも一因である．具体的には，1坑あたりの掘削費用が0.8～1.2億米ドル，海底生産システムに6～15億米ドルもの巨費を要するといわれている（デボンエナジー社談）ことからも，容易な作業ではない．

このような状況の下でも，同層開発として先陣を切るといわれているのが，ペトロブラス社のカスケード（Cascade）油田である．ペトロブラス社によると，カスケード油田は同社が得意とするFPSO（Floating Production Storage and Offloading Unit：船型浮遊式石油生産・貯蔵・積出設備）を用いた開発を行い，2009年末に生産を開始する計画である（メキシコ湾ではFPSOは少ない）．

続いて検討されているのが，シェル社によるグレートホワイト（Great

White）油田の開発である。大水深開発システムはスパー（Spar：円柱型浮遊式石油生産・貯蔵・積出設備）を用いて，超大水深まで幹線パイプラインを敷設する計画で，開発コストは40億米ドルを超えると報道されている。

　以上見てきたように，メキシコ湾の新生代古第三紀層の開発においては，探鉱投資，技術革新が重要な促進因子となる。

7 発見済み未開発大規模資源

　以上，最近の有望油田の発見事例を紹介した。ただ，「最近，確かに有望な新規発見がつぎつぎあったといっても，これだけでは増大する世界需要を長期的に賄うには力不足ではないのか」との感想を持つ読者も多いだろう。したがって，つぎにすでに何年も，あるいは何十年も前に埋蔵が確認されていながらまったく開発に手がついていなかった大油田が，開発に着手される可能性が出てきている事例を紹介する。ただし，現時点で政治的な開発投資障害が依然大きい地域も含まれている。

7.1 中東湾岸

　世界最大の石油埋蔵量を誇る中東湾岸には，すでに発見されてから数十年という長い時間が経過しているにもかかわらず開発に着手されていない巨大油田が多数存在する。

7.1.1 イラク

〔1〕石油地質概要　　イラクは原油の確認可採埋蔵量（proved reserves）でサウジアラビア，イランにつぐ世界第3位（1 150億バレル，BP統計2008）の大産油国であるが，生産量（2007年，BP統計2008）で見ると，世界第1位のサウジアラビア，第4位のイランに対しイラクは第13位（2 145千バレル／日）にすぎない。埋蔵量と生産量のギャップの大きさが，豊富な有望資源

を有しながらそれを十分に生かし切れていないイラクの現状を如実に示している。

　イラクの位置するアラビアプレートは，北東部をユーラシアプレートに接しており，両プレートの衝突によってイラク北部ではザグロス褶曲帯（山脈）が形成されている。ザグロス褶曲帯の南側には，最大1万mもの堆積量を持つメソポタミア堆積盆地が広がる。キルクーク油田などの北部油田群はザグロス褶曲帯に属し，新生代（恐竜が絶滅した6500万年前以降）の第三紀に形成された石灰岩が主要油層である。一方，ルメイラ油田などの南部油田帯群はメソポタミア堆積盆地に属し，中世代の白亜紀に形成された石灰岩および砂岩が油層である。イラク原油の油質は，南部の上部白亜紀層から産する原油が重質油，下部白亜紀層から産する原油が中～軽質油，北部油田が中～軽質油とされる。

〔2〕 **既発見大油田の現状**　イラクではこれまで73の油田（**図7.1**）が発見されているが，このうち6油田が埋蔵量50億バレル以上の超巨大油田，23油田が埋蔵量5億～50億バレルの巨大油田，44油田が埋蔵量5億バレル以下の中・小規模油田とされる。73の既発見油田のうち，開発済み（生産中）の油田は南部のルメイラ油田，北部のキルクーク油田などの15油田程度にとどまっており，残りの大多数の油田が開発初期か未開発のまま残されている（Arab Oil & Gas Directory 2008）。未開発で埋蔵量の大きい油田はイラク南部に集中しており，可採埋蔵量100億バレル超のマジヌーン油田，西クルナ油田，50～60億バレル規模のナール・ビン・ウマール油田，ハルファヤ油田，20～30億バレル規模のラタウィ油田，ナシリヤ油田などの大型油田が多く含まれている。生産能力は，西クルナ油田が80万バレル／日，マジヌーン油田が60万バレル／日，ナール・ビン・ウマール油田が45万バレル／日，そのほかについても10～30万バレル／日が見込まれている（**表7.1**）。イラク以外の国でこれほど多くの既発見巨大油田が未開発（または開発初期段階）で残されている国はなく，これこそがイラクが世界の石油産業から大きな注目を集める所以である。

7. 発見済み未開発大規模資源

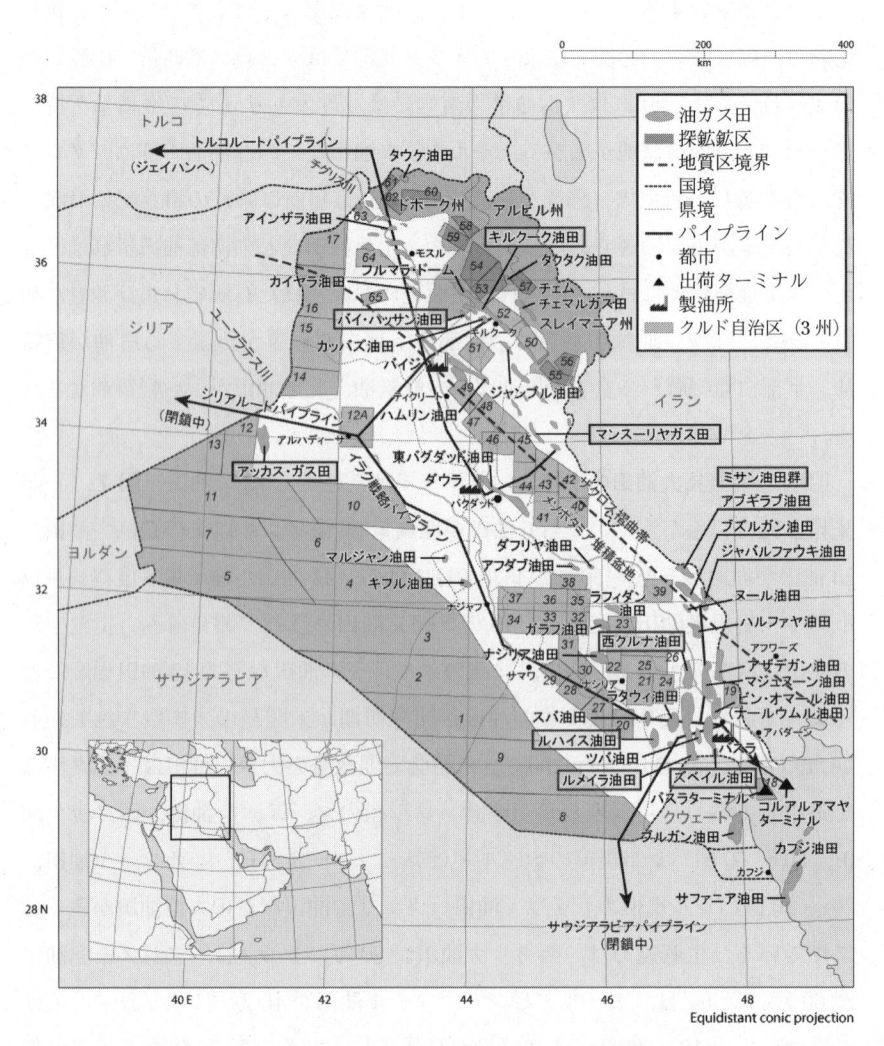

図7.1 イラクの油ガス田位置図（各種資料よりJOGMEC作成）

7.1 中東湾岸

表 7.1 開発を待つイラクの主要油田（既発見未開発油田）

油田名	発見年	可採埋蔵量 (億バレル)	生産状況	生産能力 (万バレル/日)	契約・交渉実績など (＊)：フセイン政権下での動き
アフダブ	1979	14	未開発	9	1997/6 CNPC 社（中）と PS 契約締結（＊） 2008/8 CNPC 社と再契約（サービス契約）締結で合意
西クルナ （フェーズ2）	1973	113	一部生産中	80	1997/6 ロシア3社（ルクオイル社ほか）と PS 契約締結。02/12 イラク側が契約破棄（＊）04/9 コノコ・フィリップス社がルクオイル社と提携合意し、将来の本プロジェクトへの参加表明。イラク石油省は契約継続に否定的
マジヌーン	1977	121	未開発	60	トタル社（旧 Elf）が優先的交渉権取得（＊）
ナール・ビン・ウマール	1949	63	一部生産中	45	トタル社（旧 Total）が優先的交渉権（＊）
ハルファヤ	1976	46	未開発	25	BHP 社（豪），CNPC 社（中）などと交渉（＊）
ラタウィ	1950	31	未開発	25	シェル社，ペトロナス社（マレーシア）などと交渉（＊）
ナシリヤ	1978	26	未開発	30	ENI 社（伊），Repsol-YPF 社（西）と交渉実施（＊）
スバ/ルハイス	1969/ 1961	18	一部生産中	25	Slavneft 社（露）と交渉（＊）
ツバ	1976	15	未開発	20	ONGC 社（印），Sonatrach 社（アルジェリア）と交渉（＊）
ガラフ	1979	11	未開発	13	TPAO 社（トルコ）などと交渉（＊）
ラフィダン	1976	7	未開発	10	03/2 Soyuzneftegaz 社（露）と HOA（意思確認書）締結（＊）
東バグダッド	1976	64	生産休止中	40	
アマラ	1985	4.8	未開発	8	2002 年, PetroVietnam 社と開発生産契約締結（＊）
ヌル		—	未開発	8	2001/5 Syrian Petroleum Co 社と開発生産契約締結（＊）

〔出典：石油専門誌報道，石油コンサルタント会社情報より〕

〔3〕 埋蔵量追加の可能性　　イラクの探鉱作業は過去の3度の戦争や経済制裁の影響によって大きく遅れており，新規油田発見ポテンシャルという面からもイラクは世界的に最も有望な地域と考えられている。探鉱対象としてのプロスペクト（有望地質構造）の数はイラク全体で526構造であり，これまで125プロスペクトが掘削されているが，現在でも約400ものプロスペクトが未試掘のまま残されており，それらは多くは西部砂漠地域（**表7.2**）と北部のザグロス褶曲帯に分布している。また南部の既存巨大油田群についても，その7割で比較的浅い白亜紀までの地層に対してしか探鉱が行われていない。イラクで本格的な探鉱が実施されたのは1980年代初頭までであり，その結果，イラクの確認埋蔵量はここ10年以上1 150億バレルで不変であるが，今後，より深部や西部砂漠などで3次元探査などの最新探査技術を適用した本格的な探鉱が実施されれば，大幅な埋蔵量の拡大が期待される。

表7.2　西部砂漠探鉱鉱区

Block	会社	進捗（フセイン政権時代の動き）
1	Etap社（チュニジア）	交渉実施
2	ペトロナス社（マレーシア）	交渉実施
3	プルタミナ社（インドネシア）	2002年契約締結
4	ストロイトランスガス社（露）	交渉実施
5	クレセント社（UAE） Can-Oxy社（加） Escondido社（加）	交渉実施
6	BHP社（豪） レンジャー社（加） ソナトラック社（アルジェリア） ペトレル社（アイルランド）	交渉実施
7	プレミア社（英）	交渉実施
8	ONGC社（印）	2000年契約締結
9	タトネフト社（露）	2003年初期合意

〔出典：石油専門誌などの報道より〕

イラク全体の今後の探鉱により追加される可能性のある埋蔵量については，450億バレル程度から2 000億バレルを超えるレベルまでさまざまな見方がある．推定埋蔵量（probable reserves）については，英国の研究機関CGESやコンサルタント会社Petrolog社は3 000億バレル，フランスの国立石油研究所IFPは600億バレル～2 000億バレルと想定している．イラク石油省は，イラク全体で2 140億バレルの石油資源が今後発見される可能性があるとの見方を示している．既発見量の2倍にあたる約2 000億バレルを超えるかどうかはともかく，今後の探鉱により，少なくとも数百億バレル規模の埋蔵量追加があることは十分考えられる．長期的にはサウジアラビアと並ぶ存在になる可能性がある．

〔4〕 これまでの油田開発の経緯　数十ある未開発油田のうち主要25油田の開発による新規生産能力は約375万バレル/日と見込まれている（**表7.3**）．この能力拡大計画はフセイン政権時代に策定されたものであるが，湾岸戦争とその後の国連経済制裁のもとでは，イラクはスペアパーツの調達もままならない状況が続き，新たな油田開発は実施されなかった．フセイン政権は，米英主導のイラク封じ込め策に対抗するため，国連安保理常任理事国であるフランス，ロシア，中国の石油会社に対し，有望油田の開発プロジェクトについて魅力的な条件を提示し，積極的な契約交渉を行い，1997年にルクオイル社，CNPC社とそれぞれ西クルナ油田（フェーズ2），アフダブ油田に関するPS（生産物分与）契約（石油開発契約の代表的な契約形態）を締結した．トタル社にもマジヌーン油田ほかに関する優先的交渉権を与え契約寸前までいった．その他の油田についても外国石油企業との交渉を進め，2001年にはシリア石油会社（SPC）とヌル油田，2002年にペトロベトナム社（PetroVietnam，ベトナム）とアマラ油田でそれぞれ開発生産契約（DPC）を締結した．さらに西部砂漠探鉱鉱区の契約交渉も展開し，2002年にプルタミナ社（Pertamina，インドネシア），ONGC社（インド）と探鉱契約を締結した．しかし，これらの契約は国連制裁のもとで凍結状態が続き，フセイン政権下では実行に移されることはなかった．西クルナ油田開発については，痺れを

7. 発見済み未開発大規模資源

表7.3 イラクの生産能力増強計画[32]

	主要油田名	能力増強分
北部新規開発	ハムリン，フルマラ，タクタク，カイヤラ，ガラバットほか 計11油田	45万バレル/日
中部新規開発	東バグダッド，バラド，アフダブ 計3油田	30万バレル/日
南部新規開発	マジヌーン，西クルナ，ハルファヤ，ナール・ビン・ウマール，ガラフ，ナシリヤ，ラフィダン，アマラ，ヌル，ツバ，ラタウィ 計11油田	300万バレル/日
合計	計25油田	375万バレル/日

切らしたフセイン政権により契約が破棄された。

2003年のフセイン政権崩壊後，イラク新政府の石油省はイラク経済の屋台骨を背負う存在である石油産業の復興のため，度重なる戦争被害や旧政権下の劣悪なメンテナンスで疲弊した石油関連設備の復旧に努め，原油生産量は徐々に回復してきた。ちなみにイラクの原油生産は1979年にこれまでのピーク生産の348万バレル/日を記録し，その後戦争の影響から大幅な増減を繰り返してきたが，最近（2008年）の生産量は240～250万バレル/日とイラク戦争前のレベルにほぼ回復してきている（**図7.2**）。しかし，生産はすべて既存の生産中油田からのものであり，新規の油田開発には着手できていないのが現状である。イラク側としては国際石油会社（IOC）の参入を認め，新規開発を推進したい考えであり，IOC側も多くの企業が世界有数の未開発石油資源を有するイラク石油開発に関心を示し事業機会獲得を模索している。しかし，IOCが本格的参入（長期開発契約の締結）に踏み切るための条件と考えられる「治安の改善」および「石油法の制定」が依然実現していない状況であり，2009年2月の段階では具体的な開発契約の締結には至っていない。

〔5〕 **クルド地域政府は独自の開発契約** イラク北東部3県を管轄するクルド地域政府（KRG）は，憲法で一定の自治権を与えられており，特に石

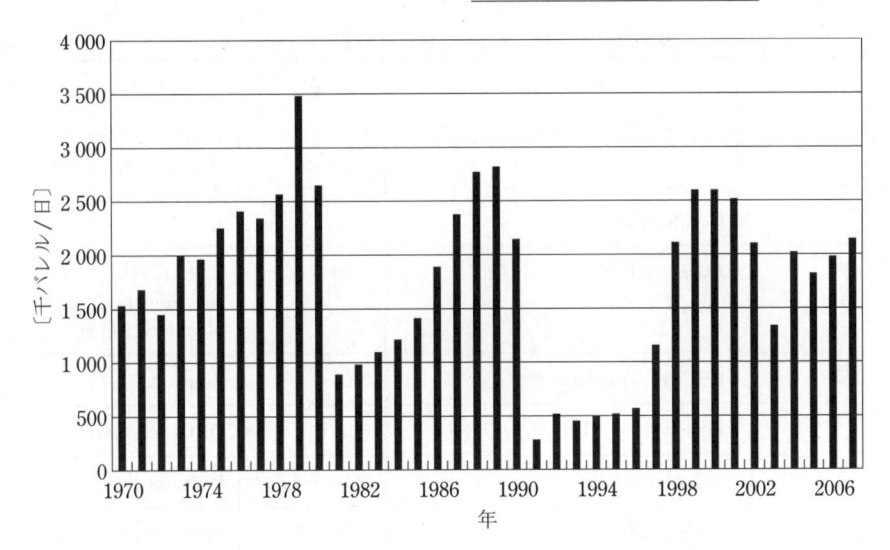

図 7.2 イラク原油生産量の推移（1970 ～ 2007 年）[33]

油資源の探鉱・開発事業は将来のクルド地域の経済発展を支える柱と位置づけ，ノルウェーの DNO 社（タウケ油田）や Hunt Oil 社（米），OMV 社（オーストリア），Reliance 社（インド），KNOC 社（韓）などの中堅国際石油企業と 20 件を超える探鉱契約や PS 契約をつぎつぎと締結してきた．KRG 独自の石油法も制定済みである．しかし，中央政府との石油法を巡る交渉が決着しない中で KRG が契約締結を推し進めたことから，石油省が激しく反発し KRG の契約の無効を主張するなど，軋轢が強まっている．

〔6〕 最近の動きと今後の見通し　イラク戦争後 5 年となる 2008 年に入り，イラクの本格的石油開発の実施に向けた動きが見られるようになった．2008 年 4 月に，石油省は事前資格審査（PQ）に応募した国際石油企業 120 社から選定した 35 社を PQ 通過企業として発表した（表 7.4）．6 月 30 日にはシャハリスターニ石油相が第一次入札の実施と入札対象 8 油ガス田（6 油田，2 ガス田）をアナウンスした．石油省は，10 月にロンドンで PQ 通過企業を対象に入札説明会を開催し，2009 年 6 月までの見積提出（入札）および契約締結の方針を表明した．今回，第一次入札の対象となる 6 油田はいずれも既存生

7. 発見済み未開発大規模資源

表7.4 第一次入札 PQ（事前資格審査）通過企業

国	企業名	国	企業名
米国	アナダルコ社，シェブロン社，コノコ・フィリップス社，エクソンモービル社，ヘス社，マラソン社，Occidental 社（7社）	日本	Inpex 社，Japex 社，新日本石油，三菱商事（4社）
英国	BG 社，BP 社，プレミア社[†]（3社）	中国	CNOOC 社，CNPC 社，Sinochem 社，Sinopec 社（4社）
豪州	BHP 社，Woodside 社（2社）	韓国	Kogas 社（1社）
イタリア	Edison 社，ENI 社，（2社）	インド	ONGC 社（1社）
オランダ	シェル社（1社）	マレーシア	Petronas 社（1社）
ドイツ	Wintershall 社（1社）	インドネシア	Pertamina 社（1社）
フランス	トタル社（1社）	ロシア	ガスプロム社，ルクオイル社（2社）
ノルウェー	スタットイルヒドロ社（1社）	デンマーク	Maersk 社（1社）
スペイン	Repsol 社（1社）	カナダ	Nexen 社（1社）

[†] プレミア社は後日 PQ 資格を喪失した。

産中油田であり，既発見未開発油田は含まれていないが，イラク石油省は，短期間での増産が見込める既存油田増強事業を新規開発よりも優先した形である．さらに，シャハリスターニ石油相は12月31日，第二次入札の対象16油ガス田（14油田，2ガス田）を発表した．2009年末までの契約締結を目指すとしている．第二次入札の対象には，西クルナ油田（フェーズ2），マジヌーン油田，ハルファヤ油田などの既発見巨大油田の開発案件が含まれており，イラク石油省は，これらの油田から200万バレル/日以上の生産を計画している．

また，イラク新政府はフセイン政権時代の契約の有効性を認めない姿勢を示していたが，上述のアフダブ油田開発契約について，石油省は CNPC 社との長期交渉の末，2008年8月になって，契約形態を PS 契約からサービス契約に

変えるという条件での再契約締結で合意した。

旧政権下で契約が有効に締結され,プロジェクト参入時のリスク許容度が高いとみられる中国企業 CNPC 社とのアフダブ油田開発契約は例外的事例であろうが,新規開発事業への外資の参入可否は,2009 年後半と目される開発契約締結よりも早い段階で ① 治安改善,② 石油法制定,の 2 条件が実現しているかどうかが重要になってこよう。イラクの治安状況は最悪期を脱しかなり改善されてはいるが,外国石油会社がイラク国内に要員を配置して安全な事業遂行が可能かどうかの懸念が払拭されたとはいえない状況であり,依然見通しは不透明である。また,外国石油企業は,当該国の石油法が未制定のままで長期開発契約を結ぶことに否定的であるが,イラク国内の石油法を巡る論議では,クルドと石油省間で,たがいの権限範囲や外資との契約形態を巡る対立が解けておらず,合意の目処は立っていない。

以上より,イラクの未開発巨大油田の新規開発は近い将来においては容易に進まない可能性が高いが,一方で状況が大幅に好転して,①,② の条件が解決した場合には,新規開発が一気に進展する可能性もある。その場合,イラク石油省が目標として掲げる 2012 年までに 450 万バレル/日の生産の達成も可能になってこよう。

7.1.2 サウジアラビア

〔1〕 原油確認埋蔵量　　クウェートとの分割地帯(中立地帯)の 1/2 を含めたサウジアラビアの確認埋蔵量は,2007 年末現在で 2667 億バレル(サウジアラビア 2642 億バレル,分割地帯 25 億バレル)であり,ほかの追随を許さない圧倒的な首位の座を長期にわたり堅持している[34]。2002 年以降,オイルサンドを石油確認埋蔵量にカウントすることになり,世界第 2 位に位置付けられるようになったカナダ(1785 億バレル)と比較しても 900 億バレル近い差があり,在来型石油資源でサウジアラビアにつぐイラン(1384 億バレル)とは 2 倍近い開きがある。サウジアラビアの埋蔵量が全世界(1 兆 3317 億バレル)に占める割合は約 20 % に上がる。

サウジアラビアの堆積地層は稀に見る高含油堆積物であり，世界で最も安い生産コストで掘削可能な原油を莫大な量で埋蔵している。サウジアラビア石油鉱物資源省によると，1938年にサウジアラビアで初めて発見された商業油田であるダンマン油田以降，2007年までに96の油田が発見されているが，八つの主要油田だけで全埋蔵量の半分以上を占めている。これらは，確認埋蔵量700億バレルを誇る世界最大の油田であるガワール油田（1948年発見）および1951年に発見された世界最大の沖合油田であるサファーニア油田（埋蔵量190億バレル）のほか，1940年に発見されたアブケイク油田（同170億バレル），1957年のマニファ沖合油田（110億バレル），1963年のアブ・サファ沖合油田（60億バレル），1964年のベリ沖合油田（110億バレル），1965年のズルフ沖合油田（80億バレル），1968年のシャイバ油田（140億バレル）であり，いずれも50億バレルを超える超巨大油田である（埋蔵量は Arab Oil & Gas Directory 2008[35]による）。

〔2〕 **石油地質概要および地域別ポテンシャル**　サウジアラビアの油田は，同国北東部の陸上地帯とペルシャ湾岸北部の海上地帯に集中しており，原油を埋蔵する地質構造はおおむね南北に伸びている（**図 7.3**）。世界最大のガワール油田もその延長線上に位置し，全長250 km以上にわたり広がっており，その地質構造は東の海上にまで伸びているが，海上のどの部分にまで達しているのか正確にはわかっていない。ガワール油田と平行し，同油田の西側から南北に伸びる構造は，南はマザリジ油田まで，北は国境を越えて，ガワールにつぐ世界第2位の埋蔵量を誇るクウェートのブルガン油田まで達していると見られている。この構造の最南端には，クライス，キルド，アブ・ジファン，ファルハなどの油田が点在しており，莫大な石油埋蔵量があるものと予想されている。

これよりさらに南西部に下った，アラビア半島中央部の首都リヤドの南東部において，1989年以降，アル・ハウタ，ディラム，ラギーブ，ヌアイムなどの新油田が発見されており，最西端の地の石油発見につながるような別の構造が北から南に伸びているのではないかとの期待も大きい。これらの油田ならび

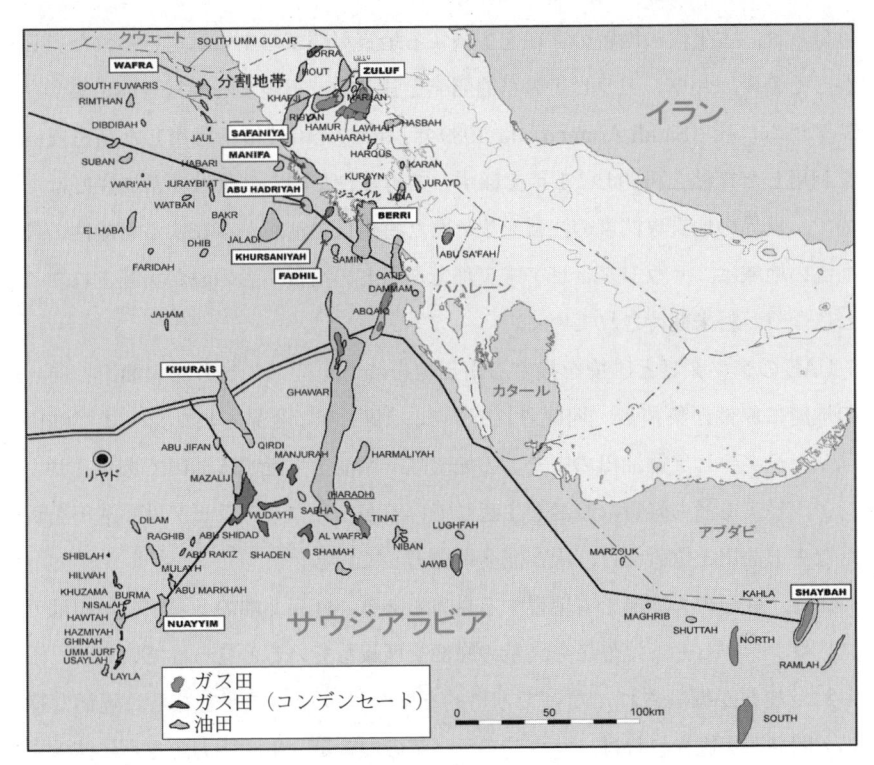

図 7.3 サウジアラビアの油ガス田位置図（各種資料より JOGMEC 作成）

に半島中央部で発見された油田は「ナジド油田」と総称されている。

　サウジアラビアの石油の大部分は，中生代ジュラ紀のアラブ A，B，C および D の地層の石灰岩層から生産されており，さらに下部のジュラ紀の中でも，より古い石灰岩層であるハニーファ層からも大量に産出している。また，沖合油田のおもな油層は中生代の白亜紀の地層であり，砂岩と炭酸塩岩から形成されている。これらに加えてサウジアラビアの地質専門家は，中東湾岸での主要天然ガス，コンデンセートの産出地層である古生代のクフ層よりも，さらに古い地層にも大規模な油層が存在しているとの推測を立て，リヤド南部および南東部の探鉱に期待を寄せた。

　リヤド南部と南東部の油田探鉱は 1980 年代前半に着手されたものの，石油は発見されなかったため，一旦は半島中央部には石油資源は存在しないと結論

付けられ，古生代の地層の存在を主張する地質専門家の主張は退けられた。しかしその後，サウジアラビアの石油開発を独占的に実施する国営石油企業サウジアラムコ社（Saudi Aramco）は1989年以降，先端技術を応用した精密機器を利用した探鉱を再開し，1年を経ずして得られた調査結果は非常に良好なもので，世界の地質専門家の注目を集めた。古生代の油層が存在する可能性の最も高い地域は，サウジアラビア中央部であるとの地質学者の説が実証されたことになり，将来期待されている。

UAEのアブダビと国境を接する南部地帯にも，アブダビの巨大油田と同一の地層に原油が集積し，埋蔵されている。1967年に発見されたシャイバ油田はサウジアラビア側油田の中でこの地で唯一原油を生産する油田であり，サウジアラビアで最も軽質な原油を生産しているが，サウジアラビアは同油田を新たな主力油田と位置づけ，現在開発に注力している。

また，紅海の大陸棚を有望視する見方もある。紅海北端のミドヤン油田はガス，コンデンセート以外にも大量の原油を埋蔵していると見られているが，限られた油井が掘削されただけで本格的な開発は今後のこととなる。適切な探鉱・開発が実施されれば，サウジアラビアの埋蔵量，生産能力をさらに拡大する可能性がある。

北東に伸びる堆積層はイラクとの国境に向かうにつれ，深さと厚みを増しているが，このサウジアラビア北部および北東部はいまだ開発が実施されていない。

巨大な埋蔵量を有するサウジアラビアだが，地質構造の面からガワール油田の沖合延長・南端，アラビア半島中央部，紅海沖合，イラク国境地帯などでさらなる新規埋蔵発見の期待がかかる。

〔3〕 サウジアラビアの埋蔵量，生産能力を巡るシモンズとの議論　　ガワール油田は，いくつかの油層から構成されており全体の原始埋蔵量は3 000億バレル以上といわれている。サウジアラビアのその他の油田の原始埋蔵量の合計も3 000億バレル以上とされており，サウジアラビア全体の原始埋蔵量は7 000億バレルに達すると試算されている。

現在の確認埋蔵量2 667億バレルは，原始埋蔵量が7 000億バレルとすると平均回収率が3割台に過ぎない計算となるが，サウジアラムコ社はもとよりこの原始埋蔵量の数字も「控えめな数字」としている．上述のとおり，未発見の油田の存在が期待できる十分な根拠もあり，サウジアラビアが埋蔵量を「控えめな数字」としているのも納得できる．

一方，サウジアラビアを含むOPEC各国が公表している埋蔵量数値の信頼性を疑問視する見方は以前からあったが，2004年2月に米国の投資銀行家で石油アナリストのマシュー・シモンズが「サウジアラビアの主要油田の多くは成熟油田であり，近いうちに生産ピークを迎える．同国の原油生産は一般の予想より早く減少する」との見解を示し注目を集めた．

サウジアラビア側は「シモンズの発言は誤り」として，それまで公表されていなかった油田の情報やデータを開示した上で真っ向から反論し，大いに議論を呼んだ．シモンズはその後も著書『投資銀行家が見たサウジ石油の真実』を著すなど，いわゆる「ピークオイル」論者の一方の旗頭として発言を続けた．

シモンズの主張の概要は，以下のとおりである．

（a） サウジアラビアには五つの巨大油田（ガワール，アブケイク，クライス，サファーニア，ズルフ）があるが，この5油田に生産能力の約9割を依存している．これらはいずれも1940年代から1960年代の間に発見された古い油田であり，きわめて成熟が進んでいる．

（b） 最大のガワール油田は1948年に発見され，サウジアラビアの全生産能力の55〜60％を占め，最も新しいシャイバ油田でさえ，発見されたのは1960年代である．

（c） これらの成熟油田は，近いうちに生産ピークを迎える見込みであり，それによりサウジアラビアの生産量は着実に減少する．

（d） したがって現在停止中の中小油田の開発に早くとりかかる必要がある．

（e） 世界の今後の石油需要の増加をサウジアラビアが賄えるとする伝統的考えは誤りである可能性が高く，世界は大規模なエネルギー危機に直面する．

122　　7．発見済み未開発大規模資源

　これに対し，サウジアラビアのナイミ石油相は 2005 年 9 月の第 18 回世界石油会議で，反論として以下の内容の講演を行った．

（a）　サウジアラビアの原油生産が近く減退に向かうとの見方は間違いであり，サウジアラビアは，十分な埋蔵量と生産能力を保有しいている．今後も中長期にわたり，原油市場への供給責任を果たしていく．

（b）　サウジアラビアの原油埋蔵量は 1970 年には 880 億バレルであったが，その後の大量生産にもかかわらず，2 600 億バレルを超えるまで増加（＝埋蔵量成長）したという実績が，サウジアラビア原油のポテンシャルの高さを示す証左となる．

（c）　サウジアラビアの原油生産能力増強を以下の方針により進める．

　① 2005 年現在の生産能力（日量 1 100 万バレル）を，2009 年までに日量 1 250 万バレルまで引き上げる．

　② 需要があれば，生産能力をさらに日量 1 500 万バレルまで増強する用意がある．

　③ 余剰生産能力[†]はつねに日量 150 〜 200 万バレル確保する．

[†]　サウジアラビアの原油生産能力は日量 1 100 万バレル（2005 年）から 2006 年 3 月には 1 130 万バレルに増加したが，その間の実際の生産量（年間平均ベース）は日量 880 万バレル（2007 年）から 930 万バレル（2005 年）で推移しており（**図 7.4**），生産能力と実際の生産量との差である日量 150 万〜 200 万バレルが余剰生産能力として確保されている．

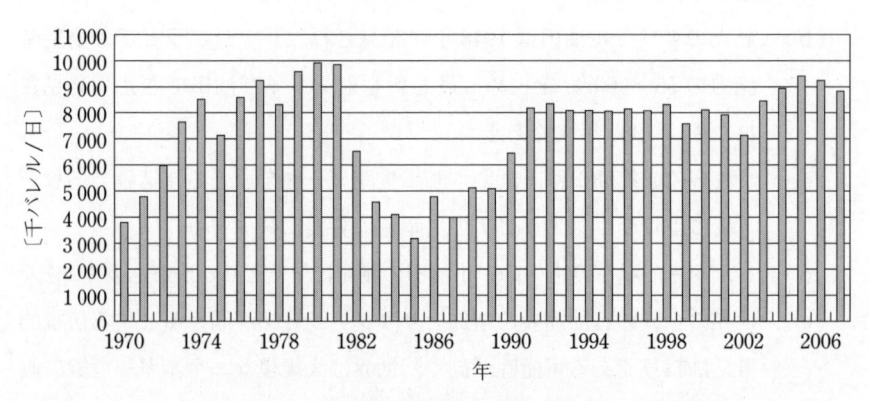

図 7.4　サウジアラビア原油生産量の推移（1970 年〜 2007 年）[36]

また，サウジアラムコ社の開発担当副社長マフムード・アブドゥル・バキと油層管理担当マネージャーのナンセン・サレリは2004年に「シモンズの見解は間違ったデータ評価に基づく誤った見方を述べたものである」として，以下のとおり反論している。

（a）　サウジアラビアの確認済み原始埋蔵量は現在7 000億バレルだが，2025年までに2 000億バレル追加され9 000億バレルに増えると見込んでいる。

（b）　過去10年間で試掘井を64坑井掘削したが，成功率は52％と世界標準をはるかに上回っている。

（c）　確認埋蔵量は2 600億バレルと発表しているが，この数字は非常に保守的に見積もったものである。この数字は最近の埋蔵量統計では当たり前となっている増進回収法（EOR）による増量を含まないものであり，これを含めばさらに1 500億バレル増える。

（d）　サウジアラビアの油田の自然減退率は年平均で約2％，最高でも4.1％であり，他の産油国の4.2〜9.6％に比べはるかに低い。最も新しく開発されたシャイバ油田は現在日量50万バレル生産しているが，自然減退率はわずか1％，先行き50年間はこの生産レベルを維持できる。必要なら日量100万バレルまで生産量をアップできるが，それでも自然減退率は2％，25年間維持可能である。2大休止油田であるマニファとクライスは両者で480億バレルの可採埋蔵量を持つが，既生産率はそれぞれ1.2％と1.8％にすぎず，十分な生産余力を有する。

（e）　平均的な含水率（ウォーターカット）は27％にすぎない。ロシアは約82％だが，生産減退どころか増産中である。

（f）　開発・生産コストはトータルで1.8ドル/バレルで世界最低であり，このレベルは当面変わらない。

　ピークオイル論あるいは資源悲観論を巡る論考はすでに5章で述べたが，シモンズとサウジアラムコ社の論争に対して，世界の石油専門家（石油調査機

関,石油専門誌など)はおおむねサウジアラムコ社の見解を支持する見方を示した。シモンズが提起した論争自体は,国際石油業界では2004年夏の時点でおおむね収束してしまった感があり,サウジアラムコ社の反論のように,今後少なくとも10〜20年間はサウジアラビアの生産量は維持・拡大できると考えるのが,国際石油業界の標準的見方となっているといえよう。

〔4〕 **生産能力拡大の対象となる未開発油田(フェーズ1)** サウジアラビアの今後の原油生産能力を悲観視する見方が声高に語られ,そのような見方に影響を受けたメディアの報道が多く見られる中,サウジアラビアの原油生産能力はほとんど拡大の余地がないかのような印象を受けるが,実際にはサウジアラビアは多くの有望な未開発油田を抱え,これらの油田を対象とした生産能力拡大計画を推進している。

サウジアラビアは現在,上述のナイミ石油相コメントにあるとおり,生産能力を日量1 100万バレル(2005年末)から2009年中に1 250万バレルに引き上げる計画を進めている(**表7.5**)。能力増強の対象となる油田ごとの概況は以下のとおりである。

① ハラド油田

ガワール油田南部に位置するハラド油田(Haradh-3)は,1996年にアラブライト(Arab Light:AL)日量20万バレルで生産開始し,2003年には能力が日量60万バレルに増強された。さらに,フェーズ3として,石油・ガス分離装置(GOSP)の新設などにより,能力を日量30万バレル増強して90万バレルとする工事が進められ,2006年2月に完成した。

② アブハドリヤ(Abu Hadriyah),ファディル(Fadhil),クルサニヤ(Khursaniyah)の3油田(AFKプロジェクト)

3油田は,東部州ダンマンの北200 kmに位置する陸上油田で,いずれも1940年代から50年代にかけて発見された古い油田であり,それぞれ日量5〜20万バレル程度生産していたが,1983年に生産を中断し,湾岸戦争時の一時的生産再開をはさみ,1993年に再び生産を中断した。その後,2004年10月に開発計画が決定し,GOSPの新設などにより,3油田合計で日量50万バレル

表 7.5 2006～2009 年までのサウジアラビア原油生産能力増強計画内訳

油田・プロジェクト名 (場所)	能力増強分 (バレル/日)	完成時期 (年/月)	油種
① ハラド油田 (Ghawar 油田南端部)	+30 万	2006/2	アラブライト (AL)
② AFK プロジェクト ・アブハドリヤ,ファドリヒ, クルサニヤ (東部州ジュベイル近郊)	+50 万	2008/8	アラブライト (AL)
③ シャイバ油田 (UAE 国境近く)	+20 万	2009	アラブエキストラライト (AXL)
④ クライス油田 (リヤドと Ghawar 油田の中間)	+120 万	2009	アラブライト (AL)
⑤ ヌアイム油田 (リヤド南部)	+10 万	2009	アラブスーパーライト (ASL)
計	+230 万		

1 100 万バレル/日 (2005 年末生産能力) +230 万バレル/日 (増強分①～⑤計) －80 万バレル/日 (減退油田リプレース分) ＝1 250 万バレル/日 (2009 年末予想生産能力)

の AL の生産を目指している。当初, 完成予定は 2007 年 7 月であったが, 建設マンパワー不足や資機材コスト高騰などのため工期が 2 度にわたり延期され, 2008 年 8 月にようやく完成した。

③ シャイバ油田

ルブアルハリ砂漠のアブダビ国境近くに位置する巨大油田であるが, 地質的にはアブダビの巨大油田と同一構造といわれている。1968 年に発見されたサウジアラビアでは最も新しい部類に位置づけられる油田であり, 1997 年よりアラブエキストラライト (Arab Extra Light : AXL) を生産している。2009 年中に現状の生産量の日量 50 万バレルから 20 万バレルの能力増強を目指している。

④ クライス油田

クライス油田 (1957 年発見) はガワール油田西方に位置する巨大な陸上油田であり, 1960 年代後半から AL の生産を開始し, 1981 年には日量 14 万バレ

ルを記録した。その後，1980年代と90年代の2度生産を中断し現在に至っている。これまで増強計画が棚上げされてきたが，今般の能力増強計画の一環と位置づけられ，2005年6月に開発工事がスタートした。

クライス油田は確認埋蔵量が230億バレルとされる超巨大油田である[35]。今般のサウジアラビアの能力増強計画の中核と位置づけられており，2009年中に，同油田（日量100万バレル）および近接の休止油田アブ・ジナン油田（同11万バレル），マザリジ油田（同9万バレル）とあわせ，合計日量120万バレルの生産を目指している。

⑤ヌアイム油田

リヤド南東部ナジド油田群の一角を占める油田である。1997年に生産を開始したが，油層圧が低く砂が油井に浸透するという問題があり，生産量は低く抑えられている。高いガス含有率をいかしたEOR技術による生産増強（2009年中，目標日量10万バレル）を目指している。

〔5〕 **生産能力拡大の対象となる未開発油田（フェーズ2）** サウジアラビアは能力増強計画のフェーズ2として「需要があればさらに日量1500万バレルまで（2010年以降）増強する用意がある」との方針を繰り返し表明しているが，その具体的内容についてはコメントを避けてきた。しかし，2008年6月，ジェッダ（サウジアラビア）で開催されたエネルギーサミット（産油国消費国首脳会合）において，ナイミ石油相は，フェーズ2計画の油田別内訳を初めて明らかにした（**表7.6**）。

それによると，増強の対象となる油田はズルフ沖合油田（能力増強日量90万バレル），サファーニア沖合油田（同70万バレル），ベリ沖合油田（同30万バレル），クライス油田（同30万バレル），シャイバ油田（同25万バレル）の5油田である。

この5油田の能力増強の実現可能性を油田別に見ると，異なる評価がなされる。ズルフ沖合油田とベリ沖合油田については，ともに成熟油田であり，大幅な能力増強は技術的に困難ではないかとの見方がある。ズルフ油田は1965年に発見され，1973年から生産を行っており，ベリ沖合油田は1967年から生産

7.1 中東湾岸

表 7.6 2010 年以降のサウジアラビア原油生産能力増強計画の内訳

2008 年 6 月　ナイミ石油相提示

油田名	能力増強分（バレル／日）	完成時期	油種
①ズルフ沖合	＋90 万	未定	アラブミディアム（AM）／アラブヘビー（AH）
②サファーニア沖合	＋70 万	未定	アラブヘビー（AH）
③ベリ沖合	＋30 万	未定	アラブエキストラライト（AXL）
④クライス	＋30 万	未定	アラブライト（AL）
⑤シャイバ	＋25 万	未定	アラブエキストラライト（AXL）
合計	＋245 万		

その他の増強計画

油田名	能力増強分（バレル／日）	完成時期	油種
マニファ沖合	＋90 万	2011	Arab Heavy（AH）

が開始され回収率がすでに 85 ％ を上回っているといわれる。また，クライス油田もフェーズ 1 の日量 120 万バレルの増強に加えての 30 万バレルの増強であり，難易度は高いと見られている。

　一方，サファーニア沖合油田は現状生産量が能力（日量 120 万バレル）を大きく下回っており，増産は比較的容易と見られている。また，シャイバ油田は生産開始から 10 年しかたっておらず，十分な残存埋蔵量（サウジアラムコ社関係者によると 180 億バレル）があることから，さらなる日量 25 万バレルの能力増強は十分実現の可能性は高いと見られる。

　今回ナイミ石油相が提示した 5 油田の増強は，正式決定ではないと思われる。これまで報道などでフェーズ 2 の増強対象油田として伝えられていたマニファ沖合油田や分割地帯のワフラ油田は，今回対象に含まれていない。特にマニファ沖合油田開発は，サウジアラムコ社が 2006 年に投資決定を行い，エンジニアリング会社などと基本設計業務（FEED）や建設契約（EPC 契約），掘

削サービス契約を順次締結している。2011年までの日量90万バレル増強に向けて動き出している案件であり，今回の対象油田に含まれなかったのは奇異である。

サウジアラビアとしては，油価高騰の折りますます強まる消費国からの増産要求圧力をかわす必要があり，日量1250万バレルを超える能力増強に現時点でコミットはしないまでも，具体的油田名を示すことで，増強の実現性やサウジアラビアの「やる気」を疑問視する見方を払拭する狙いがあったと見られる。むしろサウジアラビア側としては，今回提示された5油田はあくまで例示であって，日量1500万バレル実現に向けての開発対象油田は「いくらでも（数多く）ある」ということを強調する意図があったとも思われる。

注目すべき点は，サウジアラビアの能力増強は当面（フェーズ1），クライス油田などの中軽質油主体で進められるが，今後，開発対象となる中軽質油油田は限られており，つぎの段階（フェーズ2）では市場流通性の低いアラブヘビー（Arab Heavy：AH，API比重29°以下）の重質油田（マニファ，サファニア，ズルフなど）が主体となることが確実である。AHを処理可能な消費国側精製設備が日本などを除き世界的に不足している現状をふまえ，サウジアラビアは国内2か所（ジュベイルとヤンブー）にAHをフィード可能な輸出製油所（フル・コンバージョン装置）を国際石油企業との合弁で2012年までに建設する計画を進めている。

7.1.3 イ ラ ン

[1] **原油埋蔵量の増加発表** Oil & Gas Journal[35]によると，イランの2007年末現在の原油確認埋蔵量は1384億バレルであり，サウジアラビア（2667億バレル，分割地帯含む），カナダ（1785億バレル，オイルサンド含む）についで世界第3位であり，世界全体の約10％を占める。また原油生産量（2007年，日量392万バレル）も世界第4位であり，OPEC加盟国では，日量約240万バレルのUAE，ベネズエラほかを大きく引き離し，サウジアラビア（日量870万バレル，分割地帯含む）につぐ第2位に位置づけられる。

上記の原油埋蔵量は，イラン石油省が2003年8月に発表した埋蔵量の再評価結果を反映している．それによれば，2002年末現在の埋蔵量は1308億バレルであり，それまでの公式値（973億バレル）を335億バレル上回る数値（34.4％増）への見直しを行っている．埋蔵量の増加は新規発見分の追加ではなく，おもに回収率の見直しによる既発見油田の個別埋蔵量の上乗せによるものであった．多くの産油国と同様，イランは自国油田の地質データや技術情報の詳細を明らかにしておらず，イランの「申告」値の信頼性は十分検証されたわけではないものの，ほかの中東産油国における近年の技術革新に伴う回収率向上と整合的ということであろうが，この数値は石油業界標準とされるOil & Gas JournalやBP社の年次統計で相次いで採用されており，イランの埋蔵量増加は広く認知された形となっている．

　イランの陸上油田の多くは，西はイラク国境に接し南はペルシャ湾に面しているフゼスタン州にある．おもな油田は，陸上油田では，マルーン油田（見直し後埋蔵量220億バレル），アフワズ・アスマリ油田（同179億バレル），アガジャリ油田（同174億バレル），ガチサラン油田（同162億バレル），バンゲスタン油田（同77億バレル）など埋蔵量が50億バレルを超える超巨大油田やラゲサフィド油田（同50億バレル），パルシ油田（同38億バレル），マンスーリ油田（同33億バレル）などが挙げられ，沖合油田では，ドロウド油田（同34億バレル），ソールーシュ/ノールーズ油田（同27億バレル），アブザール油田（同12億バレル）など（**図7.5**）が挙げられる．

　〔2〕 **地質構造の特徴**　イランの地質構造は南西部のザグロス褶曲帯，中央山岳地帯，北部のエルブールズ山脈地帯の三つの地域に分けられるが，主要油田の大半はザグロス褶曲帯に位置しており，その埋蔵量は陸上油田埋蔵量の85％を占めている．ザグロス褶曲帯は新生代の第三紀末期の造山活動により北西〜南東方向にのびる褶曲帯が形成され，この褶曲運動により多くの油田構造が出来上がった．このザグロス褶曲帯に広く堆積したアスマリ石灰岩層が主要油層となっている．またペルシャ湾などの非褶曲帯においては，中生代白亜期の堆積層であるブルガン砂岩層，ヤママ石灰岩層，中生代ジュラ期のアラ

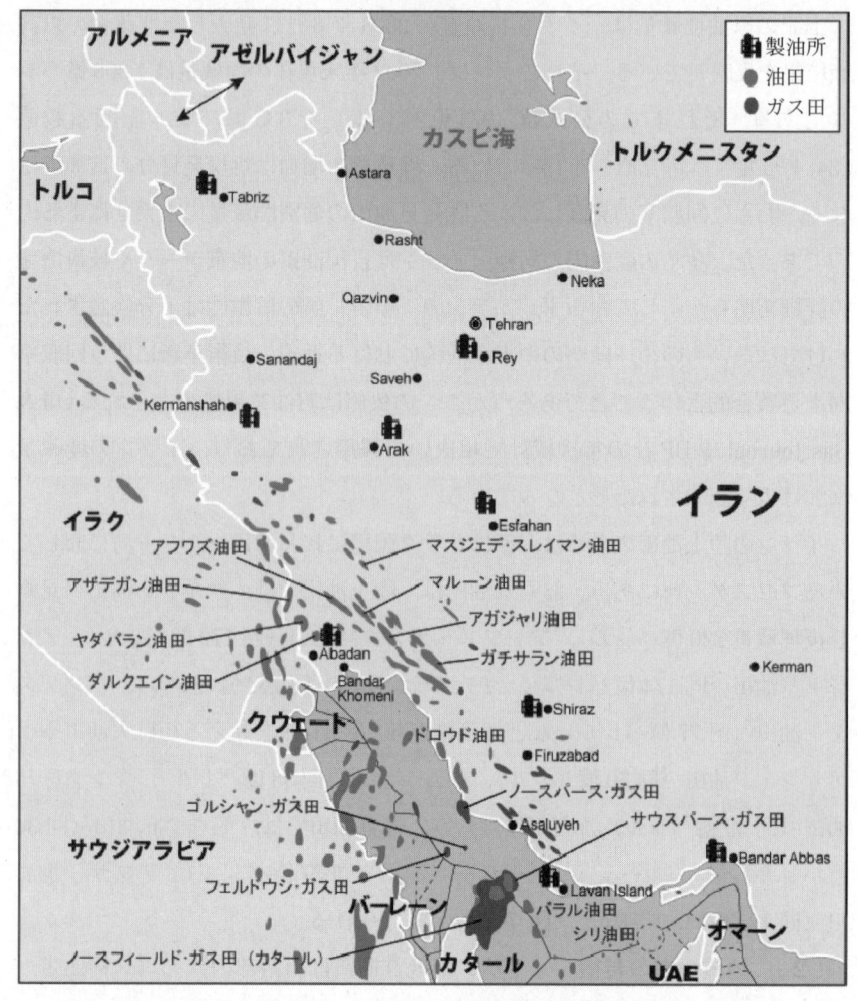

図7.5 イラン油ガス田位置図（各種資料によりJOGMEC作成）

ブ石灰岩層が油層となり，大規模な油田を形成している。

〔3〕 **イランの生産能力増強計画**　イランの原油生産量は，イスラム革命前の1970年代に600万バレル/日を記録したが，革命直後は政治経済の大混乱で150万バレル/日程度にまで落ち込み，その後もイラン・イラク戦争で石油生産設備が被害を受けたこともあり，300万バレル/日を回復したのは

1990年代に入ってからであった。その後，徐々に生産は増加し，最近数年間は400万バレル/日前後のレベルで推移している（**図7.6**）。代表的な生産油田は，陸上のアフワズ・アスマリ油田（生産能力70万バレル/日，出所：EIA（以下同じ）），マルーン油田（同52万バレル/日），ガチサラン油田（同48万バレル/日），アガジャリ油田（同20万バレル/日）や沖合のアブザール油田（同14万バレル/日）などである。

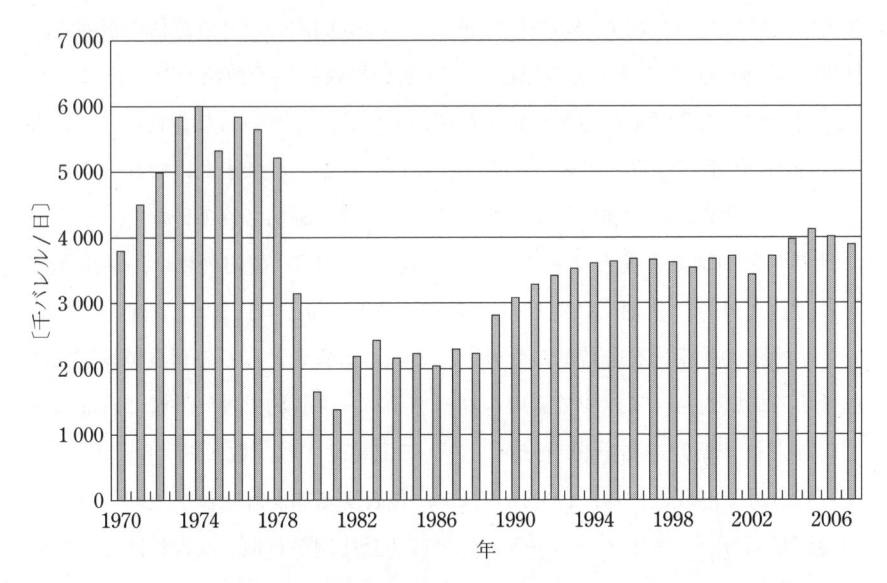

図7.6 イラン原油生産量の推移（1970～2007年）〔出典：EIA〕

イラン石油省および国営石油会社のNIOC社（National Iranian Oil Company）は，現在の5か年経済計画（2005～2010年）終了までに540万バレル/日，2015年までに700万バレル/日，2020年までに800万バレル/日を目指すという大幅な生産能力拡大計画を公表している。その実現に向け，老朽油田に対する増進回収（EOR）プロジェクトの促進とともに，イラク国境付近に位置するアザデガン油田やヤダバラン油田など，大きなポテンシャルを有する新規油田の開発を推進する計画である（詳細後述）。

〔4〕 **能力増強阻害要因** 現状ではイランの主要な生産中油田の多くが

老朽油田のため生産能力の減退に直面しているという問題があり，イランが掲げる能力増強計画の実現は困難との見方が有力である。老朽油田の減退率は年率7～8％（25～30万バレル／日）に達すると見られており，毎年の生産減退を大きく上回る新規油田開発による継続的な能力増強が必要になってくる。そのためには技術力，資金力のある外国石油企業が参加する開発プロジェクトを拡大する必要がある。しかし，外資にとっては，イラン独特の「バイバック契約」と呼ばれる契約方式の条件の悪さ，イラン国内の反外資感情の根強さ，核開発疑惑を巡るイランと国際社会の緊張の継続という政治リスクの高さなど，対イラン投資環境は劣悪な状況が続いている。こういった背景から，過去5年間で，大手国際石油企業（イランと厳しく対立する米国だけでなく欧州のメジャーズ含め）が参加する新規開発契約は1件も締結されていない。

　世界の産油国で主流となっている生産物分与（PS）契約の場合，油田開発を請け負う外資は長期にわたり（通常20～30年間），自己の出資比率に応じて生産段階の生産物を継続的に受け取れるなど出資者としての利益が長期的に継続するのに対し，イランで適用されるバイバック契約では，外資に石油権益は付与されず所定の報酬相当分がコストに上乗せされ，数年間（5～10年程度）に分けて回収されるだけであるほか，投資実績額が計画額を上回ったときの投資超過分（コストオーバーラン）を石油会社側が負担しなければならないなど，外資にとって魅力に乏しい契約方式であり，外資のイランへの参入を阻害する要因となっている。外資導入案件が，イラン経済制裁の影響でイラン向けプロジェクトに対する西側金融機関からの資金調達が困難になっていることも大きな問題となっている。現時点ではこれらの問題が外資に有利な形ですぐに決着する可能性は高いとはいえないが，中長期的にこれらの問題が解決し，外国石油企業が参入を決断できるような状況が訪れれば，イランの油田開発は進展して，原油生産能力の拡大が実現に近づくものと考えられる。

〔5〕 EORおよび新規油田開発プロジェクト　　生産能力増強に向けて，イランは既存油田におけるEORプロジェクトおよび陸上，沖合の新規油田開発を多数実施または計画中である。イランは同国が有する豊富な天然ガス資源

(埋蔵量世界第2位)を活用した大規模なEORを実施しており,現状,約40億立方フィート/日以上の天然ガスが油田へ圧入されたと推定されており,2010年には60億立方フィート/日まで引き上げられる可能性がある。開発が進められているサウス・パースガス田第6～8フェーズで生産されるガスも,60年以上操業している老朽油田であるアガジャリ油田(生産能力20万バレル/日)への圧入に使用される計画である。ガス圧入による二次回収は,アガジャリ油田に加え,アフワズ・アスマリ油田(70万バレル/日),ガチサラン油田(48万バレル/日),マルーン油田(52万バレル/日)などの既存の陸上巨大油田でも実施され,生産量の減退抑制および拡大が図られている。

また,最近のイランのおもな新規油田開発プロジェクトの概要は以下のとおりである。多くのプロジェクトが実施中であるが,なかでも,アザデガン油田(生産能力26万バレル/日),ヤダバラン油田(生産能力18.5万バレル/日)が能力拡大に向けた大きな目玉プロジェクトである。

① バラル沖合油田開発

1999年4月に,トタル社(仏)(権益比率46.75%),ENI社(伊)(同38.25%),ボウ・ヴァリー社(Bow Valley,加)(同15%)と同油田開発のバイバック契約を締結した。2003年に目標生産量4万バレル/日を達成し,NIOC社に操業移管された。

② ソールーシュ/ノールーズ沖合油田開発

1999年11月に,シェル社とバイバック契約が締結され,2003年に日本およびイラン企業が追加参入した。権益比率は,シェル社70%,Inpex社(日),Japex社(日)20%,OIEC社(イラン)10%である。2005年に目標生産量(当初6万バレル/日→19万バレル/日に引き上げ)を達成し,NIOC社に操業移管した。

③ ドロウド沖合油田開発

1999年3月に,トタル社(仏)(権益比率55%),ENI社(伊)(同45%)とバイバック契約を締結した。当初計画より2年遅れの2006年に目標生産量(当初13.5万バレル/日→22万バレル/日に引き上げ)を達成し,NIOC社に

操業移管した。

④ サルマン沖合油田開発

2000年11月に，イランPedco社（PetroIran Development Company）と契約締結した。EORにより8.5万バレル/日の生産量を13.5万バレル/日に増加させる計画であり，2005年に建設が完成した。

⑤ ダルクウェイン陸上油田開発

2001年6月に，ENI社（伊）（権益比率60％），イランNIOC社（同40％）とバイバック契約を締結した。16万バレル/日の生産を見込んでいる。2004年に第1フェーズ（5万バレル/日）の生産が開始され，当初予定より2年遅れの2008年に第2フェーズ（16万バレル/日）の生産が達成予定と伝えられた。NIOC社は第3フェーズ（10万バレル/日増産し26万バレル/日に）の実施についてENI社との交渉を検討中である。

⑥ エスファンディア/フォローザン沖合油田開発

2002年5月，イランPedco社と契約締結した。EORにより，当初生産量（2油田計3.5万バレル/日）を計16万バレルに増産する。

⑦ チェスメ・コーシュ陸上油田開発

2004年1月，イランICOFC社（Iranian Central Offshore Fields Company）と契約を締結した。ガス圧入により，生産能力を9 000バレル/日から8万バレル/日に増強する計画である。NIOC社は2001年からCepsa社（スペイン），OMV社（オーストリア）のコンソーシアムと交渉を実施したが，交渉は行き詰まり，2003年に打ち切られた。外資との交渉が思うように進まず，イランが独力での生産能力増強に取り組む方針に切り替えた事例である。

⑧ バンゲスタン油田開発

アブ・ティモール，アフワズ・バンゲスタン，マンスーリの各油田開発を総称してバンゲスタン油田開発（またはアフワズ油田開発）と称する。アザデガン油田，ヤダバラン油田が注目を集める以前からイラン上流開発の主要開発プロジェクトとされ，BP社，シェル社，トタル社などのメジャー各社と交渉が実施されたが，交渉はまとまらず，結局，ガス圧入によるEOR案件として，

イラン国内企業（NISOC社，Pedec社）と契約が締結された。3油田計で約23万バレル/日の生産能力増強が見込まれている。

⑨ アザデガン陸上油田開発

2004年2月，NIOC社はイラク国境に近いアザデガン（南部）油田開発に関するバイバック契約を国際石油開発（Inpex社）（権益比率75％，残りはNIOC社25％）と締結した。アザデガン油田の可採埋蔵量は40〜60億バレル。目標生産量は，フェーズ1で15万バレル/日，フェーズ2で26万バレル/日。地雷撤去作業の遅れに加えイランを取り巻く国際環境の悪化もあり，Inpex社は実質的な作業には入れず，交渉の結果，2006年9月の契約変更により，Inpex社権益比率が75％から10％に，NIOC社比率が25％から90％に見直され，完全にイラン側主導のプロジェクトとなった。NIOC社は，2007年11月に2.5万バレル/日の生産を達成し，つぎのステップとして，5万バレル/日への生産増強を目指している。また，アザデガン（北部）油田開発についても，外資導入による開発が検討されており，2007年初頭以降，ルクオイル社（露），Sinopec社（中），ONGC社（インド）などとの交渉が取り沙汰されたが，その後，進展は見られない。

⑩ ヤダバラン陸上油田開発

2007年12月，NIOC社はSinopec社（中）とヤダバラン油田開発に関するバイバック契約を締結した。同油田の可採埋蔵量は32億バレルとされる。目標生産量は，フェーズ1：8.5万バレル/日，フェーズ2：18.5万バレル/日。両者は2004年10月に覚書（MOU）を締結したが，正式契約に向けての交渉はおもに契約条件を巡る溝が大きく難航したが，3年以上の交渉でようやく決着した。条件の悪いアフリカ諸国などに積極的に進出してきた中国企業といえども，政治リスクの高いイランとの契約合意は容易ではないことを示している。

⑪ 探鉱プロジェクト

イランは，既発見油田の開発プロジェクトに加え，新規探鉱プロジェクトにも注力している。これまで，2003年1月（8鉱区）を皮切りに，2004年1月

(16鉱区),2007年2月(17鉱区)に探鉱鉱区入札が実施されており,一部鉱区は外国石油企業との契約が締結された。

7.1.4 中東の重質油開発

〔1〕 **中東産油国で重質油開発が本格化** 中東産油国は,これまでほとんど手つかずであった重質油(ヘビーオイル)の開発に本腰を入れようとしている。中東の重質油開発全般の概要および主要国(オマーン,サウジアラビア,クウェート)の開発状況のポイントを以下に述べる。

〔2〕 **中東の重質油概要** オマーンからサウジアラビア,クウェート,イラク,イランからシリアにかけて北西〜南東部に伸びるアラビアン・イラニアン盆地およびイランからイラクに跨るザグロス褶曲帯において,在来型原油の内の重質油(API比重 $10 \sim 20°$)の可採埋蔵量は780億バレルに及ぶともいわれている。中軽質油と同じ構造に重質油も存在し,オマーンを除いてそのほとんどが未開発である。

これらの重質油の多くが高濃度の硫化水素を含むサワー原油であることと,常温では粘性が強くパイプライン輸送が困難で井戸元での改質が必要な場合もあることが開発を阻害する要因となっている。また,これまでは,欧米などの消費国には重質油処理可能な製油所が少なく,市場流通性が低いこともネックとなっていたが,ここにきて,サウジアラビアやクウェートでは重質油田の開発とあわせ自前の輸出製油所を国内に建設する動きが伝えられている。

技術面においては,中東の地質は多くが炭酸塩岩であり,砂岩と違い水蒸気圧入を利用した生産技術が確立していないという問題が残っている。

〔3〕 **オマーン** オマーンは中東で重質油開発が最も進んでいる国であり,いくつかの増進回収法(EOR)プロジェクトが実施されている。2005年にOccidental社(米)がムカイズナ油田(砂岩層:原始埋蔵量20億バレル)開発に関するPS契約を締結。同社は現在,水蒸気攻法(steam flooding)による重質油生産(約1万バレル/日)を行っている。2008年中に1 800坑の水平坑井とし,5万バレル/日への増産計画があり,2015年に15万バレル/日へ

の増産も視野に入れている。

〔4〕 サウジアラビア　シェブロン社（米）がサウジアラビアとクウェート間の分割地帯（中立地帯）陸域のワフラ油田（炭酸塩岩）で，水蒸気攻法のパイロットプラントを設置しテストを実施中（**図7.7**，**図7.8**）。フェーズ1として，圧入井1坑，生産井4坑，観測井（データ収集用）1坑の小規模プラントにより，重質油のトライアル生産およびデータ収集が実施された。炭酸塩岩での水蒸気攻法の適用事例がないため，慎重な評価が行われたが，良好な結果を得ている。ワフラ油田の回収率を現状の3％程度から本技術の適用により約40％への向上が期待されている。今後，フェーズ2として圧入井16坑，

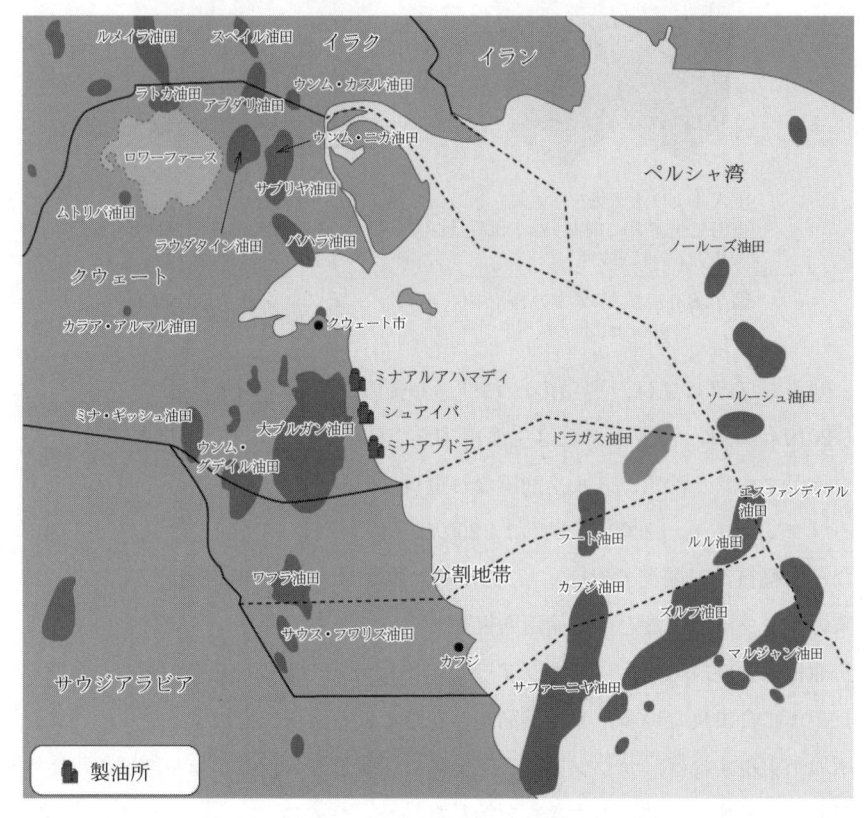

図7.7　クウェート周辺油ガス田位置図　（各種資料よりJOGMEC作成）

生産井25坑および水処理設備，水蒸気生成機を含む大規模パイロットプラントでのテストを実施し，商業生産（2015年生産目標25万バレル／日以上）に移行する計画である。同油田は，深度数百mの地下に存在する新生代の古第3紀層に220億バレル以上のAPI比重20°以下の重質油の原始埋蔵量があり，中立地帯全体で約300億バレルの重質油の原始埋蔵量と膨大な資源量である。全体が開発されると，重質油生産量は飛躍的に拡大することになる。

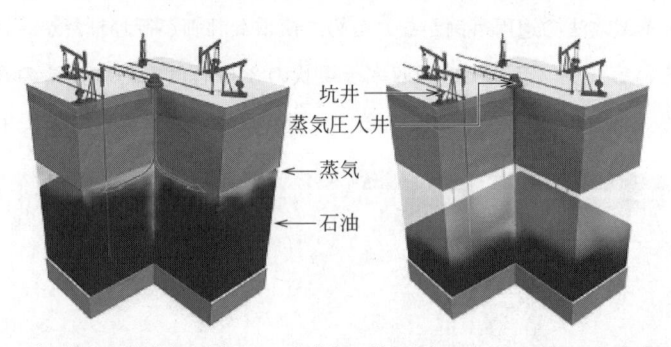

圧入井より水蒸気を圧入し，水蒸気で熱せられやわらかくなった油が重力で生産井に向かい，回収される。メカニズムはSAGD法（オイルサンド）に近い。

図7.8 水蒸気攻法の概念図〔出典：シェブロン社／Oil & Gas Journalホームページ〕

サウジアラビアは，別項のとおり，今後の生産能力増強計画のフェーズ2（「2010年以降，需要があれば生産能力を1500万バレル／日に増強する」）の対象がマニファ油田，ズルフ油田など重質油田開発がメインとなる見込みである（フェーズ1：「2009年までに1250万バレル／日へ増強」：はクライス油田など中軽質油田開発で対応）。このため，本テストの動向に注目しており，将来のマニファ油田などへの適用も視野に入れている。サウジアラビアのナイミ石油相は2006年8月，「サウジアラビアには公式の確認埋蔵量（約2600億バレル）に含まれない多くの重質油が存在している。新技術による重質油埋蔵量増加が実現すれば，サウジアラビア全体で埋蔵量が数百億バレル増加の可能性がある」と述べ，期待の大きさを示した。

分割地帯サウジアラビア側陸域におけるシェブロン社の石油利権は，サウジ

アラビアで外国石油開発企業が有する唯一の利権であるが（そのほかの石油利権はすべてサウジアラムコ社保有），2009年には60年間の利権契約が切れることから，同利権の行方が注目されていた．しかしながら，サウジアラビア政府は2008年9月に同社との利権契約の更新を早々に決定（閣議承認）した．これには，サウジアラムコ社が保有していない最新技術（水蒸気攻法による重質油生産）をシェブロン社が保有していることが高く評価されたとの見方がなされている．シェブロン社が，産油国が保有しない技術を武器に，現有のワフラ油田などの中立地帯での重質油大幅増産だけでなくマニファ油田など，「本丸」（分割地帯以外のサウジアラビア石油上流）への外資再参入（約30年ぶり）を果たす可能性も浮上している．

〔5〕 クウェート　エクソンモービル社と KOC 社（国営石油会社 KPC 社の子会社）が2007年10月，重質油共同開発に関する合意書を締結した．北部のラトカ油田の浅層にあるローワーファース砂岩層の重質油を共同開発する．ローワーファース層には API 比重 14°程度の重質油が 90 億バレル以上（原始埋蔵量）あるとされる．また，深度が 600～1 000 フィートと浅く，炭酸ガス攻法は使えない．採油法については，「熱を加えない」方法（cold production）の一つである CHOPS（cold heavy oil production with sand）の採用の可能性が伝えられたが，エクソンモービル社はラトカ油田に「熱を加える」方法（水蒸気攻法）のパイロットプラントを計画中との報道もあり，現時点では固まっていないものと見られる．

　クウェートには API 比重 10～20°の重質油の埋蔵量が 200 億バレルに上るとの見方もあり，膨大な量の重質油が今後の石油開発の重要なターゲットになってくる．2004 年に最高石油評議会で承認された 2020 年までの石油増産計画では，生産能力を 2004 年の 240 万バレル／日（すべて中軽質油）から 2020 年に 400 万バレル／日にまで引き上げ，そのうち約 20 ％（70～90 万バレル／日）を重質油でまかなうとの方針が公式に示されている（図 7.9）．外資導入による北部油田増産計画（「プロジェクトクウェート」：北部 4 油田の中軽質油田の生産量を 40 万バレル／日→90 万バレル／日に増産する計画）が本来，

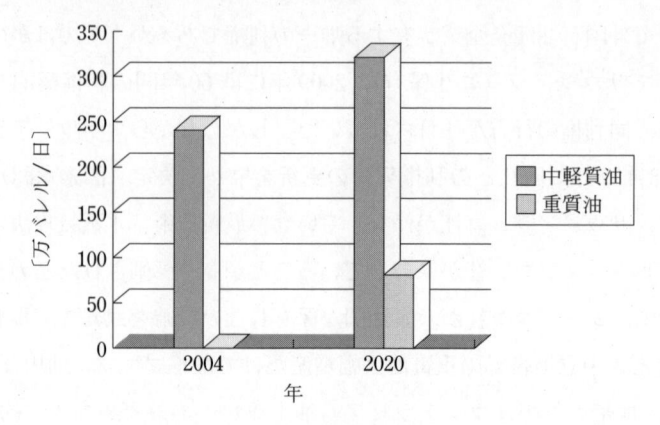

図 7.9 クウェートの石油増産 15 か年計画

中期増産計画の柱となるはずだったが，長年にわたる議会と政府（首長家）の厳しい対立の影響で，議会承認の目処が立っていない．中軽質油での生産能力増加はかなり困難な見通しであるため，代わりに重質油開発が浮上してきている．

7.2 東シベリア

7.2.1 東シベリアの地質的な概要

成田からヨーロッパに向かうときは，シベリアの上空をかなりの時間飛ぶことになる．薄い雪を被ったなだらかな地形がどこまでも広がり，ゆるやかな斜面を幾段もの水平な地層が，等高線の形のままに，丘陵を縁取るかのようにして続いている．ここが東シベリアである．やがて，エニセイ河を超えて西シベリア低地に入ると沼地と蛇行する河川が頻繁に現れ，オビ河下流域，そしておよそ急峻とはいえないウラル山脈を横切ってヨーロッパに入る．

東シベリアは，地質的な単位としては「シベリア卓状地」と呼ばれ，古期の地層がテーブル状に，あまり変形することなく堆積しており，ユーラシア大陸の中心部分で「安定地塊」（大陸周辺の山脈を形成する変動帯に対比して，大陸の中心地域で安定的な部分を指す）を形成している．ここでは地質学的な過

去においては構造運動がほとんど見られなかったが，現在では南部で地殻の展張によって「地溝」が形成され，陸水が溜まってバイカル湖となっており，そこから北東には地震多発地帯が延び，やや離れたサハ共和国においてはキンバライトの貫入によるダイヤモンド鉱床が形成されるなど，現世の構造運動という点では東アフリカ地溝帯との類似がしばしば指摘される。行政的には，クラスノヤルスク地方，イルクーツク州，サハ共和国にまたがり，面積は約 360 万 km^2，インド亜大陸にほぼ相当する。

ここの地層は，先カンブリア系（下位からリーフェイ系と不整合を挟んで上位にベンド系，ただしこれは東シベリア独特の地層区分），そしてカンブリア系の砂岩と炭酸塩岩からなり，おもにカンブリア系直下のベンド系砂岩・炭酸塩岩が石油・ガスの貯留岩となっている。これは，石油鉱床としては世界で最も古いものの一つである。

7.2.2 石油探鉱の歴史 ―「鶏と卵の問題」

西シベリアで最初に油田が発見されたのが 1954 年で，東シベリアで最初の油田の発見は，それからさほど遅くない 1962 年のことである。当時は西シベリアも東シベリアも新規の石油地帯として一様に注目されていた。発見されたのは，イルクーツク州東部に位置し，現在も生産を行っているマルコボ油田である。しかし，西シベリアがやがて 1960 年代にサモトロール油田を始めとする超巨大油田が続々と発見され，新興の油田地帯として，大きく発展していったのに対して，消費地からより遠く，パイプライン・インフラはもちろんのこと，アクセスのための道路すらも不十分な東シベリアは大きく取り残されることになった。これは，まず発見埋蔵量が少ないためにパイプライン・インフラの整備が進まず，同時にインフラが整備されていないために，新規の埋蔵量確保のための探鉱投資が進まないという典型的な「鶏と卵の問題」を呈していたためである。これを断ち切るためには，自然発生的なインフラ整備の進展に頼るのではなく，政策的な取り組みとして，大規模インフラの整備を先行させる必要があった。

一方で石油探鉱は継続的に進められ，ベルフネチョン油田（1978年発見，埋蔵量11億バレル），タラカン油田（1983年発見，埋蔵量約9億バレル）など，西シベリアほどではないが，ほかの国であれば相当の規模の埋蔵量を有する油田が見つかり始めた。

これらの油田の埋蔵量だけでは，パイプラインの敷設には十分でないが，西シベリアからの原油も併せてパイプライン容量を大きくして，東方の市場を目指す動きが出始めた。1997年にユコスは，西シベリアから東シベリア・イルクーツクの近くで製油所のあるアンガルスクまでの既往石油パイプラインをさらに延長し，バイカル湖の南を通りザバイカルスク・満州里を経由して中国の重工業都市大慶に原油を供給しようという計画を打ち上げた。2001年には，ロシア国営の石油パイプライン会社であるトランスネフチが，太平洋のナホトカまでパイプラインを延長し，太平洋諸国に輸出するという対抗案を発表した。

東シベリア・パイプライン建設に関するロシアと中国との基本合意は，2001年7月のプーチン・江沢民による中露首脳会談で確認された。ユコスはその後解体されたが，パイプラインのルートに関しては，その後種々の動きがあり，2003年1月に小泉総理（当時）が訪露して署名した「日露行動計画」において太平洋ルートを明確に支持したことから，同年5月の閣議で「大慶への支線を伴うアンガルスク・ナホトカルート」といういわば折衷案が承認された。中国に向かう「大慶ルート」を優先的に建設するのか否かがその後の注目点となり，中国1国への供給か国際市場への供給かという論争が生まれた。日本政府の立場は，当然東シベリアの原油が国際市場に供給されるべきというものであった。

7.2.3　1国のみに供給するパイプラインの持つ問題点

中国に向かう「大慶ルート」に関しては，パイプラインにおける「ホールドアップ問題」のあることが指摘されている。

石油・天然ガス供給に限らず，契約というものは，本来はあらゆる事態を想

定して締結するものであるが，実際にはすべての不確定なケースを織り込むことは不可能で，「不完備契約」となっているのが実態である。具体的にはパイプラインによる供給に関して不測の事態が生じ，契約そのものの見直しが避けられない場合が生じることがあるということである。供給国側の建設したパイプラインは，市場の代替が効かずほかに振り向けることのできない「特殊な」資産であることから，もしも1国のみに供給するパイプラインを介して問題が発生し，消費国側との交渉が決裂した場合には，なんら意味をなさない資産となってしまう。このため，供給国側が契約を維持しようとすると，交渉相手である消費国側の要求をかなり呑まざるを得ないという非対称な状況が生まれる。このようなケースを「ホールドアップ問題」という。

　2003年に，ロシアから黒海経由でトルコに向けてガスを輸送する「ブルー・ストリーム」パイプラインが完成した直後に，この問題が発生した。トルコは自国の経済危機を理由に買取り量の削減と，ガス価格の2/3までの引き下げを要求した。ロシアは価格は据え置いたものの，供給量の削減は呑まざるを得なかった。これ以降，ロシア政府はこの問題を重視し，1国向けのパイプライン建設には慎重な姿勢を取るようになった。実際に，中国向け「大慶」パイプライン計画に関する交渉も，進捗ははかばかしくない。

7.2.4　東シベリア－太平洋（ESPO）石油パイプラインの建設

　パイプライン・ルート決定は最後までもつれ込んだ。工事開始を2日前に控えた2006年4月26日，プーチン大統領（当時）は，トムスクで開催されたパイプラインに関する公聴会で，かねてよりバイカル湖周辺の環境問題で懸念を表明していたロシア科学アカデミーの発言を取り入れ，トランスネフチの社長に対して，環境問題に配慮して，当初計画にあったバイカル湖のすぐ北を通るルートでなく，はるか北方を迂回するルートでの建設を指示した。1期工事としてタイシェトから分岐してサハ共和国まで油田地帯の主要部を通り，スコボロディノまでの2 694 kmを建設するというもので，スコボロディノからナホトカに近いコズミノ・ターミナルまでは当初は鉄道輸送，追って2期工事と

して 2 081 km のパイプラインを敷設するというものである（**図 7.10**）。このパイプラインは，これ以降，「東シベリア・太平洋（East Siberia-Pacific Ocean, ESPO）パイプライン」と呼ばれるようになった。

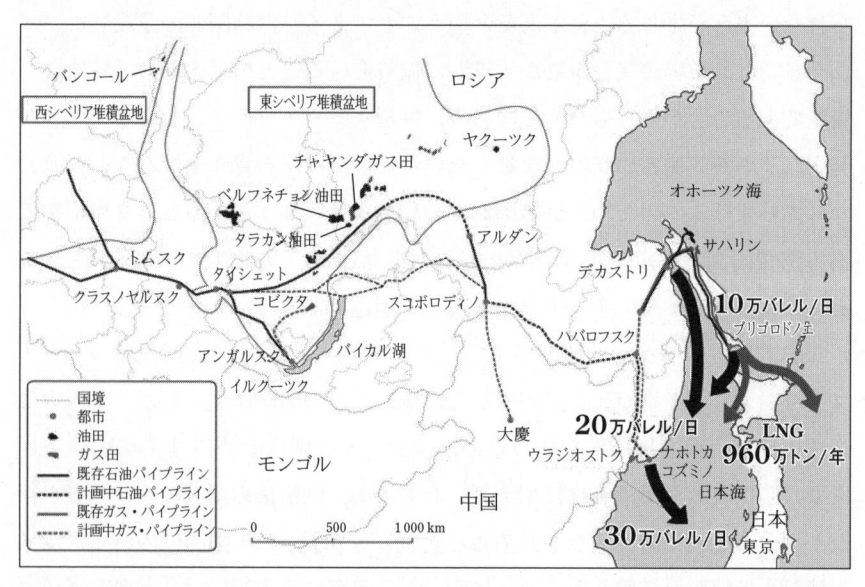

図 7.10 東シベリアの油ガス田と東シベリア・太平洋パイプライン（JOGMEC 作成）

この図に見るルートは，実際は既発見油田の近傍を通るもので，この地域に生産油田を持つ石油会社にとっては，幹線パイプラインへの繋ぎ込みラインの距離を大幅に縮小できることから，圧倒的に有利な計画変更である．実態は，環境問題を重視するプーチン大統領の信念というよりは，ロシア国内の石油企業によるロビーイングの成果と見る向きもある．ただし，これによりコストの大幅アップは避けられない状況となり，1 期だけで 128 億ドルという破格の高コストとなった．1 期工事の完成は，2009 年暮れを見込んでいる．

2008 年の 7 月時点で，ESPO パイプラインはベルフネチョン油田，タラカン油田の近傍にまで建設が進んでおり，両油田は生産原油をパイプ内に送り込む作業に入っている．これは「パイプフィル」というもので，パイプラインが新規に建設されたらまず輸送用の原油で満たすという作業である．パイプ内の

原油はパイプライン会社が買い取る分である。ただし，東部の区間はスコボロディノからアルダンまでが完成したのみであるため，油田からの原油は東方には行かず当分は西方に逆送される。さらにパイプフィルが完了する2008年10月からは，アンガルスクの製油所まで逆送され，精製に供されている。

　1期工事が完了する2009年末にラインは順送に切り替えられ，スコボロディノから先は鉄道に積み替えて，ナホトカ近郊のコズミノ湾のターミナルに原油が輸送される。第1期で最終的に日量30万バレル，第2期では日量100万バレルに達する。もちろん東シベリアからの生産量では不足であるので，西シベリアから一部の原油が東方に送られる。具体的には，TNK-BP社の保有するサモトロール油田などの名前が挙がっている。

　日本海においては，2006年にサハリン-1の積み出し基地であるデカストリから平均日量20万バレル，2008年暮れからサハリン-2のサハリン島南端で稚内の対岸であるプリゴロドノエLNG基地に併設されている石油輸出基地から日量10万バレルが積み出されており，前述のESPOからの日量30万バレルも2009年以降加わろうとしている。

　これらはいずれも低硫黄原油で，中東などの高硫黄原油に対応して設計されている日本の製油所にとっては割高であるが，近距離のため輸送費が軽減できるなどのメリットもある。また，中東からの原油が20日かかるのに対して，日本海を3〜4日でくるということで，季節変動に併せた生産量の微調整などを行うことが容易で，安定的な操業をしやすくする。さらに，中東からの原油がホルムズ海峡，マラッカ海峡を通過してくることと比較して，日本海は安全な航路であり，石油会社にとっては，中東原油を主力と位置づけつつも，近距離できわめて安全な航路からの原油について一定量を調達することは，合理性に叶ったものといえる。

　実際，サハリン-2の原油は1999年に生産開始した当時は，日本では高値で敬遠されほとんど買い手が付かなかったが，2001年以降日本企業が買い出すと，その人気は急速に高まり，2005年には購入者の8割を日本企業が占めるまでになった。サハリン-1の原油に関しても，生産開始以来，日本企業の

購入希望が多い．これは，近距離ソースのメリットへの理解が浸透したためと考えられる．

2000年代前半，日本は中東の原油に約90％依存していたが，2008年上半期でロシア産と東南アジア産原油の輸入が増え，中東依存度は85.9％まで下がってきた．供給地の分散化を図るというのが国策であるが，国策に協力する以前に，各企業の合理的選択の結果として北東アジア産原油は受け入れられている．

7.2.5 東シベリアのおもな油田開発

ESPOパイプラインの建設の進捗に伴って，東シベリアでの新規油田開発も盛んになろうとしている．現在，頻繁に鉱区の入札が実施され，大半の鉱区がすでにライセンスが付与された．今後，これらの開発に伴い，逐次開発に移行してゆくものと思われる．一方，既存油田では生産井の掘削（**図7.11**）はある程度行われていた．

図7.11 東シベリア　イレリヤフ油田での掘削状況，周辺はタイガ（JOGMEC撮影）

ベルフネチョン油田は，1978年に発見されて以来，開発移行ができず，1991年4月のゴルバチョフ大統領の来日時には，日本に対して共同開発の提案がなされたが，ほとんど反響がなかった．1992年4月からシダンコ社

7.2 東シベリア

(Sidanco, 露)，BP 社といった企業からなるルシア・ペトロリアム社（RUSIA Petroleum, 露）が参画し，2002 年には操業会社としてベルフネチョンスクネフテガス社（Verkhnechonskneftegaz, 露）という企業が設立された。現在ではその株式は TNK-BP 社が 68.36％，ロスネフチ社が 25.94％，東シベリア・ガス会社が 5.64％，その他 0.06％となっている。おもに下部カンブリア系砂岩を主要な貯留岩としており，原油は中質，硫黄分は 0.5％と低いが，2％程度のパラフィンを含み，輸送に当たって冬季は，パイプラインを加熱する必要がある。生産井はすでに数十坑が掘削され，生産できる体制になっている。

タラカン油田は，ベルフネチョン油田の東方 100 km に位置するが，行政的にはサハ共和国内にある。当時のサハ共和国国営石油サハネフテガス社（Sakhaneftegaz）の子会社のレナネフテガス社（Leneneftegaz）がライセンスを取得して油田を発見した。その後，2002 年のオークションで，すでにユコス社の子会社となっていたサハネフテガス社が落札したものの，契約上のボーナスが支払えず，2 番札のスルグートネフテガス社が短期ライセンスを受け，更新しながら操業していたが，2003 年には恒久の生産ライセンスを取得して，現在に至っている。1990 年代からレナ川の Vitim 部落まで約 110 km のパイプラインが敷かれ，夏期のみ限定的な試験生産が行われていた。2008 年の 7 月からすでに ESPO パイプラインにパイプフィル用原油を送り込んでおり，操業開始時には日量 4 万バレルで生産開始の予定である。

日本の JOGMEC（石油天然ガス・金属鉱物資源機構）は，東シベリアにおける日露エネルギー協力の第 1 号案件として，イルクーツク州を地盤に活動を展開している民間企業である「イルクーツク石油会社（INK）」と 49％対 51％でジョイントベンチャー会社を設立し，ESPO パイプラインから 150 km 北方に位置する面積 3 747 km^2 の「北モグディンスキー鉱区」において，5 年間に約 100 億円を投じて地震探鉱と 4～5 坑の掘削を行う計画である。この件は，福田総理（当時）直々のプレス発表で公表され，国としての意気込みが感じられる。

7.2.2項の冒頭に記した最初の発見油田であるマルコボ油田も，このINK社が買い取って現在操業している。

7.3 メキシコ湾のメキシコ海域深海

すでに述べたように，最近開発と新規発見が相次いでいる米国海域メキシコ湾の境界線を挟んだ南側に隣接するメキシコ経済水域のメキシコ湾深海部にも，未開発の巨大油田群の存在が確実視され，将来の開発が期待されている。

2008年11月のデータを見ると，メキシコの石油産業の衰退は否めない（原油生産量276万バレル/日，残存確認可採埋蔵量122億バレル，輸出量140万バレル/日，石油製品輸入50万バレル/日）。石油大国の座を維持すべく，国営石油会社ペメックス社は，2012年までに原油換算で残存確認可採埋蔵量63億バレルの積み増しを目指している。そこで，最も期待を集めているのが，メキシコ湾深海に眠る石油資源だ。2004年8月に発表されたペメックス社の地震探査スタディによれば，原油換算で293億バレルが期待できるという（メキシコ全体の期待埋蔵量538億バレルの54％，図7.12）。

メキシコでは，主力油田カンタレルの生産減退が顕著に見られる（2008年11月時点で86万バレル/日：ピーク時2004年平均213万バレル/日の半分未満）。原油生産量や埋蔵量の維持回復にメキシコ湾の未発見資源量に期待するところ大だが，開発には水深500m以深の掘削技術や地震探査技術が不可欠である。その知見・ノウハウが不足しているペメックス社は，国外から技術導入を図る必要があるといわれる。

1938年より石油資源の国有化を謳うメキシコ憲法上の制限があるが，政府予算の40％をもペメックス社の売り上げに頼るメキシコにとって，石油開発への外資開放をどの程度認めるのかが，探鉱密度の低いメキシコ湾深海の探鉱開発のスピードを決定するといわれている。

メキシコ水域のメキシコ湾大水深は探鉱密度が米国水域に比べてきわめて低く，広大なフロンティアといわれる。試掘井はペメックス社が2003年に開始

7.3 メキシコ湾のメキシコ海域深海

[億バレル]

堆積盆地	累計生産量	埋蔵量（3P†）	未発見資源量
Sabinas	1	0	3
Burgos	17	11	31
Tampico-Misantla	62	195	16
Veracruz	3	2	8
Sureste	354	261	177
メキシコ湾	0	0	293
Yucatan platform	0	0	3
Total	437	469	538

† 埋蔵量は確実に地下から回収可能なレベルの確認埋蔵量（Proved Reserves），適切な技術・その時点の経済条件で回収されるレベルの推定埋蔵量（Probable Reserves），直接確認されていないが将来的に回収される可能性のある予想埋蔵量（Possible Reserves）に分類される．3Pとは，その頭文字を取ったもので，Proved Reserves, Probable Reserves, Possible Reservesの三つの合計を指す．

図 7.12 メキシコにおける石油・天然ガスの累計生産量，埋蔵量（3P），未発見資源量（ペメックス社資料より JOGMEC 作成）

した試掘キャンペーンでも，試掘井は南部にわずか4坑（成功2坑）に過ぎない（図7.13）．また，試掘井の位置決定に必要な地下の貯留層構造を把握する3次元地震探査の実施面積（約 $26\,000\,\mathrm{km}^2$）は米国水域の10分の1に過ぎない（図7.14）．今後の地震探査作業域の拡大が期待される．

メキシコ湾大水深の石油ポテンシャルを探るには，米国のメキシコ湾大水深と同様に，岩塩の分布に注目する必要がある．調査の結果，北部と南部には米国水域のメキシコ湾に類似した岩塩を伴う構造があり，中部には岩塩は分布しないとされる．地質的には，つぎのような探鉱機会があるとされる．

　北部：ペルディド褶曲帯の新生代古第三紀層の砂岩対象（米国から連続）
　中部：メキシカンリッジ褶曲帯の新生代古第三紀層の砂岩対象（南北方向）
　南部：カンタレル油田沖合の中生代上部白亜紀層の炭酸塩岩対象
　地質的な情報から探鉱に値する構造（プロスペクト・リード）を選び出した

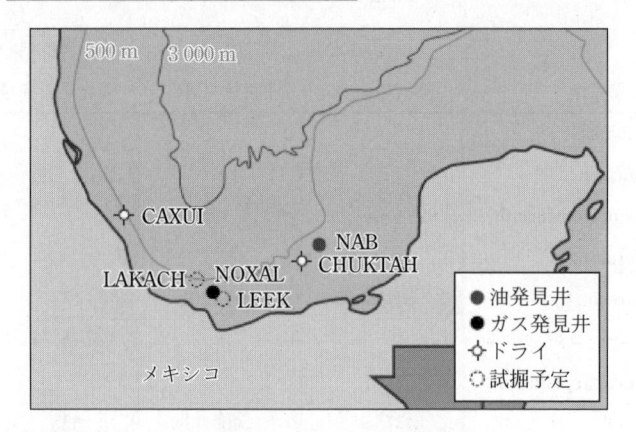

NAB：カンタレル油田沖合の白亜紀上部の炭酸塩岩対象（1 180 バレル/日，比重 10^0API）
NOXAL：メキシカンリッジ褶曲帯の南端の新生代第三紀の鮮新統砂岩が対象（9.5 MMcfd，ガス，商業規模？）
CHUKTAH，CAXUI：ともにドライ
LAKACH，LEEK：試掘中，ガス

図 7.13 メキシコの試掘井位置図（ペメックス社資料より JOGMEC 作成）

のが，**図 7.15** である。プロスペクト・リードとして抽出された構造は 175 以上あり，試掘許可のおりたプロスペクトは，北部 6 件，南部 18 件で南部優先となっている。

地域別の特徴をつぎにまとめる。北部〜南部ごとに異なる有望地層が存在する巨大フロンティアといえよう。

北部：既探鉱実施エリアが狭く，2010 年以降の米水域の油田開発進展に対して，メキシコ側が探鉱遅延に焦りを感じている（シェブロン社の Trident・Tobago・Silvertip の 3 油田，シェル社の Great White 油田，ほか）。

中部：貯留岩とチャージタイミングにリスクあり。

南部：高いポテンシャルだが重質油というリスクあり。

以上見てきたように，メキシコ湾メキシコ水域深海については，大水深開発が進む米国側メキシコ湾やブラジル深海と比べ探鉱密度が低いため，現状でその埋蔵量規模を把握するのは難しい。その一因として，深海や地震探査技術へ

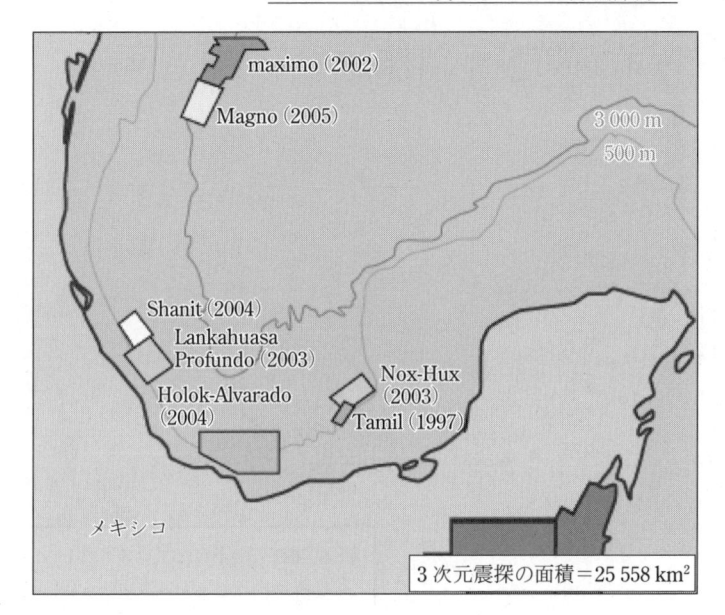

Tamil, Nox-Hux：カンタレル油田沖合，試掘井 NAB-1 周辺
Holok-Alvarado：試掘井 NOXAL-1 周辺
Profundo, Shanit：Lankahuasa ガス田沖合
Maximo, Magno：米国水域との境界のペルディド褶曲帯

図 7.14 メキシコ領の 3 次元地震探鉱位置図（ペメックス社資料より JOGMEC 作成）

のアクセスが，石油天然ガス資源を国有化して外資を排除しているメキシコでは，容易でないことが挙げられる．

　大水深に眠る埋蔵量をイージーオイルにするには，技術・資金面からの外資導入が不可欠であることはいうまでもない．2008 年 11 月に法制化されたエネルギー改革法案のうち，開発サービス契約の運用に外資の注目は集っている．石油価格急降下にともなう石油収入激減で，外資導入による大水深域開発には，メキシコにとって尻に火が付いてきた．開発サービス契約の中で外資にどの程度のインセンティブを認めるのか，政治的ハードルは依然として高いが，メキシコの国益に沿ったエネルギー改革政策に注視したいところである．

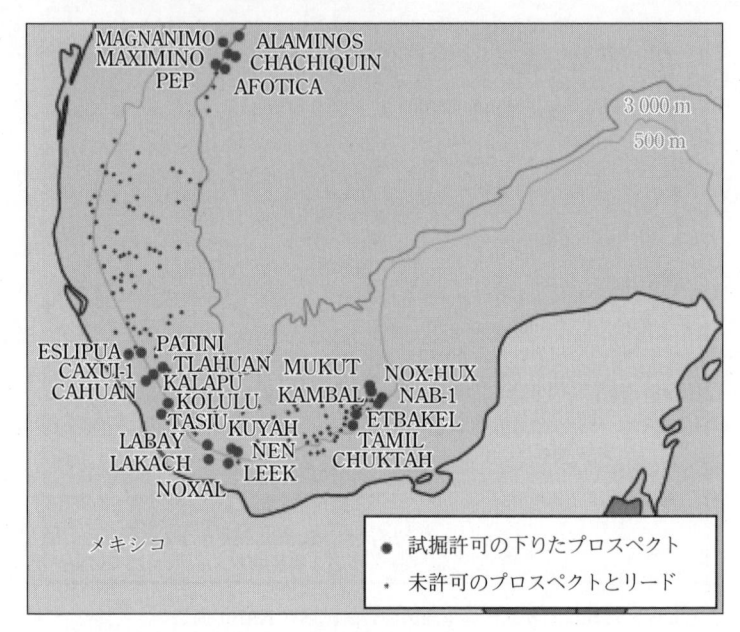

図 7.15 メキシコ領大水深のプロスペクト・リード
（ペメックス資料より JOGMEC 作成）

7.4 コンデンセート（世界のガス田の副産物）

7.4.1 石油統計の中のコンデンセート

　一般紙などでの報道では，世界最大の産油国はサウジアラビアで，2007年の生産量は，平均して日量900万バレルといわれている。一方，2番目はロシアで，同じく2007年の生産量は，日量970万バレルであるという。この数字だけを比較すれば，明らかにロシアの方が多いのだが，サウジアラビアが最大の産油国というのは，一体どういうわけであろうか。中には，ロシアが第1位になったと書いている文章もあるので，一般読者は首を傾げざるを得ないのではないかと思われる。

　じつは，サウジアラビアの称する石油生産量は原油のみであるが，ロシアの生産量は原油と天然ガスの生産に付随して出てくる液分であるコンデンセート

7.4 コンデンセート（世界のガス田の副産物） 153

も含まれる。ガス田で生産されるコンデンセートは，ガス田で分離され，石油のパイプラインに送り込まれるのが通例である。ロシアの場合，これが約1割含まれており，これを除いた原油の生産量だけで比較すると，サウジアラビアが第1位となる。サウジアラビアが加盟する石油輸出国機構（OPEC）が割り当てる石油生産量は，原油と定義されているので，サウジアラビアは原油の生産量のみ公表する。一方，ロシアは実際にパイプラインを通る量として石油＋コンデンセートの生産量を公表している。

よって，種々の石油統計を見る時も，十分な注意が必要である。よく引用されるBP統計では，石油生産量は原油＋コンデンセートの生産量であり，専門週刊誌のOil & Gas Journalは原油のみの生産量を掲載している。

7.4.2 コンデンセートとLPG

地下状態ではガス相で，地表の条件下あるいは製品状態で液相となるものを天然ガス液（natural gas liquid：NGL）というが，これはコンデンセートとLPGの総称である。

ガス田の井戸元で生成され，セパレーターにおいて回収されるNGLをコンデンセートと称し，おもに炭素数が5のペンタン以上の重い炭化水素で構成される。このAPI比重は通常，50°以上と非常に軽く，通常透明ないし甘露色の液体である。また，天然ガスの処理過程においても別途，コンデンセートが人工的に生成される。メタンを主成分とし，コンデンセートをほとんど産しないガスを乾性ガス（dry gas），メタンとともにエタン，プロパン，ブタン，ペンタンなどを多く含むものを湿性ガス（wet gas）と称する。湿性ガスの定義として，3.21×10^{-5} kl/m^{3}以上とすることがある。

一方，地表条件ではガス相であるが，ガス処理過程で圧力を加えることにより液相となる炭化水素をLPG（liquefied petroleum gas）と称している。LPGは，おもに炭素数が3のプロパン，4のブタンからできている。家庭用のプロパンガスと称しているものがこれである。世界のLPGは，約6割が油・ガス田の随伴ガスから，約4割が製油所での精製過程から生産される。LPG生産

時に，LPGから分離して得られる炭素数5〜8の液体を特に天然ガソリン（natural gasoline）と称する。

7.4.3 世界でのコンデンセートの量

世界全体における，コンデンセートの存在の割合を，石油鉱業連盟資源評価スタディ2007年のIHS Energy社のデータに基づき，**表7.7**のとおり概数を求めた。ここでの残存埋蔵量は確認（proved）＋推定（probable）レベルである。

表7.7 世界各地域の天然ガスとコンデンセート残存埋蔵量

	残存ガス埋蔵量〔兆立方フィート〕	コンデンセート率〔％〕	コンデンセート残存埋蔵量〔10億バレル〕
欧州	348	17.8	10
旧ソ連	2 208	11.2	41
中東	3 372	16.5	93
アフリカ	600	18.7	19
アジア大洋州	936	9.7	15
北米	108	18.9	3
中南米	408	15.1	10

ここにおいて注目されるのは，天然ガスの埋蔵量そのものとコンデンセート率の高さにおいて中東が抜きん出ており，一方乾性ガスの多いロシアなどの旧ソ連では対照的にコンデンセートの含有量が埋蔵量規模の割りに小さいことである。これは特に，ロシアの天然ガス埋蔵量の8割を担う西シベリアのヤマロ・ネネツ自治管区に分布する主力の巨大天然ガス田群が，メタンを主体とした未熟成段階のガスであることによる。アフリカ，中南米などこれからガス生産が本格化する地域において，コンデンセート率が高いことも注目される。

7.4.4 天然ガスシフトの中でのコンデンセートの役割

米国エネルギー省エネルギー情報局（DOE／EIA）の2007年の予測では，2030年までに石油は年率1.4％で需要が増加してゆくのに対して，天然ガスは年率1.9％とこれを遥かに上回る勢いである。これは，世界の1次エネル

7.4 コンデンセート（世界のガス田の副産物） 155

ギーの利用状況が確実に天然ガスにシフトしてゆくことを示している．天然ガスの CO_2 排出量が石炭の 60％弱と比較的クリーンであること，可採年数が石油の 40 年を遥かに凌ぐ 63 年であること，世界の石油資源の 90％が国営石油企業の下にあって外国企業の新規参入が困難であるのに対して，天然ガスは特に LNG 事業においてメジャーなどの進出が盛んなこと，などから天然ガスへのシフトには大きな期待が寄せられている．

天然ガスが増産されるということは，コンデンセートも足並みを揃えて増産される，つまり大きな副産物があるということを強調しておきたい．これからの世界では，石油は輸送用，化学用といった他の燃料では代替の利きにくいノーブルユースに特化していくと見られる．そして発電用，暖房用といった燃やすだけの燃料としては天然ガスがこれに置き換わっていく．このような天然ガスへのシフトは，石油を温存する上で効果が期待できるだけでなく，さらにコンデンセートの増産という副次効果によって，石油をさらに肩替りできるようになる．

カタールは，湾岸のイランとの境界付近に世界最大規模の埋蔵量 900 兆立方フィートを擁するノースフィールドガス田を開発中で，欧州とアジア市場に供給できるスウィング・プロデューサーとして，「LNG のサウジアラビア」を目指している．2006 年には LNG の生産実績年産を 2 450 万トンとし，インドネシアの年産 2 230 万トンを抜いて最大の LNG 輸出国となり，2011 年までにトレーン 7 基を追加して，LNG の年産生産量 7 700 万トン体制を実現する見込みである．

ここで注目したいのは，天然ガスの大幅増産を達成する際の，コンデンセート増産という副次効果である．カタールの原油＋コンデンセートの生産量は 2010 年には，日量 250 万バレルに達し，クウェート並の産油国になる見込みであるが，そのほとんどは天然ガスを生産することの副産物であるコンデンセートである．天然ガスへのシフトは，石油の節約に加え，石油の肩替りの効果まであることをよく認識しておきたい．

8

新しい形の資源

8.1 カナダ・オイルサンド

　非在来資源の一つオイルサンドは，カナダのアルバータ州を中心に広がる土地に原始埋蔵量で1.7～2.5兆バレル，確認可採埋蔵量で1700億バレルに達する石油資源が埋蔵されているといわれる。在来型石油資源を含めるとカナダ全体で確認可採埋蔵量1800億バレル，その可採年数は450年以上に達する。

　オイルサンドは，カナダ中西部のアルバータ州のアサバスカ（Athabaska），コールドレイク（Cold Lake），ピースリバー（Peace River）の三大地域を中心に，8万 Km^2 と広大なエリアに分布（図 8.1）している。

　オイルサンドの砂粒子を見ると，表面を水分が覆い，その周りを重質油が取り囲んだ状態のものである。これらオイルサンドから採取された液体は，API比重6～12°の超重質油に分類され，一般的に「ビチューメン」と呼ばれ，通常原油とは区別されている。

　このビチューメンの回収方法は，大きく分けて2通りある。

　まず，1960年代に浅い層に存在するアサバスカエリアで始まった露天掘り（mining）である。その名のとおり，露天掘りは，表土を剥いで，大型のショベルでオイルサンドを採掘し，その後，砂分と油分を分離してビチューメンを取り出す。このため，地表近くにオイルサンドの鉱床があることが条件となる。鉱床の品位にもよるが，2トンのオイルサンド採掘に対して約1バレルの

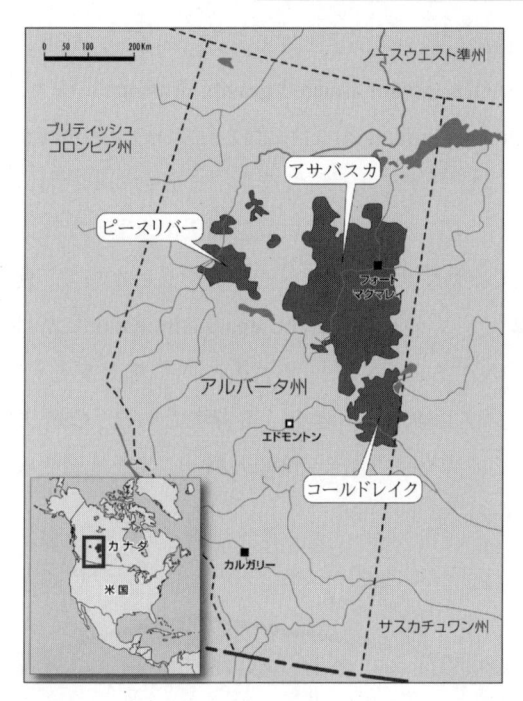

図 8.1 アルバータ州の広大なオイルサンド埋蔵エリア（各種資料より JOGMEC 作成）

ビチューメンが採取される。ただし，この方法は，広大な土地を森林伐採し開発することから地表環境への影響も甚大なため，野生生物の生態系などを含めて採掘後の地表復元が求められる。

二つ目は，比較的深い層に賦存するオイルサンド層から，在来型原油と同じような方法でビチューメンを採取する油層内回収法である。80 年代に，エクソンモービル社のカナダ子会社であるインペリアルオイル社がコールドレイク地区で，シェル社がピースリバー地区で操業を開始したことに始まる。アルバータ州のオイルサンド埋蔵量は，その約 80％が地下 80 m 以下の深い層に存在するため，これらが露天掘りでは経済的に取り出せないことから，直接油層内からビチューメンを取り出す方法は画期的であった。

この油層内回収法は，基本的には，油層内を流動しないビチューメンに熱を

加えて流動性を高め，地上に引き上げる方法であるが，採取方法として最近技術開発された SAGD（steam assisted gravity drainage）法と，従来からある CSS 法（cyclic steam stimulation）と呼ばれる二つの手法が商業化ベースになっている。SAGD 法は，2 本の水平坑井を上下 5 m の間隔をおいて，水平区間で約 1 000 m 掘削し，上位の水平井には高温高圧の水蒸気を圧入し，下位の水平井で蒸気の加熱で流動性を得たビチューメンを受け止めて，連続的に生産するもので（図 8.2），一方の CSS（cyclic steam stimulation）法は，オイルサンド層に水蒸気を圧入するとともに，圧入後に同じ坑井を通じて液状化したビチューメンをポンプで地上に引き上げる方法である。CSS 法は，ビチューメンの流動性が高くて，ガス/油比が比較的高く，また地層の破壊圧が大きな地域で適用されている。

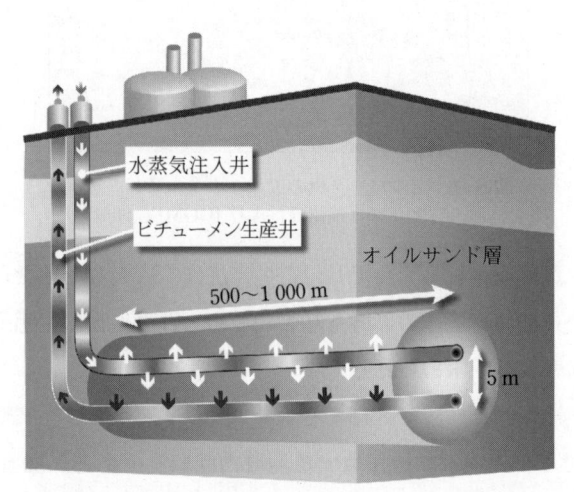

図 8.2 SAGD 法による油層内回収の概念図
（JOGMEC 作成）

採取されたビチューメンは，おもに，コンデンセートなどの希釈剤を加えたり，軽質化の処理を行って流動性を高めた上で，近くの製油所やアメリカの製油所までパイプラインで送り出される。特に，ビチューメンから炭素結合を分解して軽質化した合成原油は，一連の工程で不純物の除去を行っており，市場

での価値は希釈したビチューメンより高くなる。

　現在，アルバータ州でのオイルサンド事業は計画段階を含めて50プロジェクト以上が立ち上がっており，シェル社，エクソンモービル社などの欧米系メジャーだけでなく，カナダや米国の中堅石油会社のほか，日本企業も事業に参画する。世界的に，在来型石油資源の残存埋蔵量の分布が中東やアフリカなどの政治的に不安定な地域にシフトする中で，カナダは政治的に安定し，巨大消費地が近いことから，非常に魅力的な投資対象として注目されている。さらに近年では，中東や南米を中心に産油国政府による資源管理が強まっていることから，オイルサンドは，確実に収益を上げることができる大規模投資先の一つになっている。

　しかしながら，オイルサンド開発は，技術開発も進み採算性を確保できるようになったものの，現状の生産方法はまだまだ多くの課題を抱え，業界全体でもその対策に取り組んでいる。まず，開発過程において，大量の水蒸気を作るために大量の水と燃料が不可欠である。露天掘りでも，採掘したオイルサンドを大量の水と混合して砂とビチューメンを分離するため，1バレルのビチューメンを採取するために，2.5バレルから4バレルの大量の水が必要である。油層内回収法でも，水蒸気として水を地下に圧入してビチューメンを取り出すため，地上で再び分離して再利用しているものの，大量の水が必要であるといわれる。河川などからの水の確保や排水などの水処理対策とともに，再利用率の向上や利用量の削減など効率化への取り組みが進められている。

　また，水蒸気を作るために，ビチューメンの軽質化に利用する天然ガスの確保も不可欠である。北米地域のガス価格は原油価格と同様に変動が激しくガス調達の費用に影響するため，合成原油の精製時に排出される残油を原料にしたガス化プロセスが検討されている。これが実現すれば，外部からの燃料調達に依存しない自前の燃料調達プロセスが成立する。

　さらに，オイルサンド開発では，ガス消費によるCO_2の大量排出が大きな問題である。オイルサンド生産は，在来型石油生産よりも，大量の燃料を消費するため1バレルあたりのCO_2排出量が数倍多いといわれている。そのため，

環境団体からの開発事業に対する圧力や，消費者によるオイルサンド由来の石油に対する受け入れ抵抗も強く，政府および州当局は炭素税の導入やオイルサンド事業に対する CO_2 対策の義務化を検討しており採算性悪化も懸念される。事業者にとっては環境 PR や環境への取り組みも重要な活動となっている。

これらの水や CO_2 の問題を抜本的に解決するために，SAGD 法や CSS 法のような水蒸気を圧入するのではなく，溶剤などを圧入して化学的変化を与えて地下のビチューメンを流動化させようとする VAPEX（vapour extraction）法（生産後に溶剤は回収して再利用）や，これら水蒸気と溶剤を併用する Co-injection 法などの研究も進められており，一部ではパイロット実験が行われている。

現在では，ビチューメン生産量は 2007 年で日量約 120 万バレルと大きな量に達している。今後も開発中や計画中のプロジェクトがつぎつぎに生産段階に移行し，カナダ生産者協会の見通しによると，2020 年までに約 3 倍近くの日量 350 万バレルに達すると見込まれている。比較的大規模な開発が多い露天掘りの生産量が全体の半分を占めており，残りが，深い層をターゲットにした油層内回収法である。今後は，油層内回収法によるプロジェクトは増えつつあるものの，プロジェクト単位の開発規模が大きい露天掘りからの生産量もほぼ同じ割合で増大する見通しである。

また，オイルサンドからの生産増に伴い，広範囲の市場にアクセスするパイプラインが拡充されつつある。近くの製油所向けだけでなく，パイプラインを通じてアメリカに輸出され，2006 年にはシカゴを経由してメキシコ湾沿岸までの送油が始まっている。今後も生産増が期待されるため，アルバータ州から同沿岸まで直接輸送する新設のパイプライン計画が，2011 ～ 2014 年完成を目指して複数の計画が持ち上がっている。

膨大な埋蔵量を有するオイルサンドの開発は，水やガスの調達コストや精製コストがかかり，また，環境問題の観点から厳しい事業化環境下にあるものの，業界あげてそれに対処すべく取り組んでおり，アメリカの石油産業中枢への大量供給を視野にますますの生産拡大が今後も期待されている。

8.2 オリノコ超重質油

　オリノコ超重質油は，ベネズエラ東部の東ベネズエラ堆積盆地，オリノコ川北岸の約5万 km² の広大なオリノコベルトと呼ばれる地域に帯状に賦存している。

　オリノコ超重質油の資源量については，原始埋蔵量で1兆2 000億バレルが存在し，そのうち技術的に採取可能な量が，非常に楽観的な回収率20％を適用すると，2 350億バレルに達すると推定できる。これが近い将来ベネズエラの可採埋蔵量に組み入れられるとすると，在来型原油の埋蔵量約870億バレルと合わせて3 220億バレルとなり，サウジアラビアを抜いてベネズエラが世界第1位の埋蔵量になるとの目論見がある。

　ベネズエラでは1992年以降，外資導入政策がとられたが，その一環として，1996年から戦略的提携（strategic association）という契約で外資が参入しオリノコベルトの開発が開始され，Sincor，Petrozuata，Hamaca，Cerro Negro の四つのプロジェクトが成立した。

　オリノコ超重質油は，熱帯サバンナ地域の地下600〜1 000 m の深度に鉱床が発達しており，粘度が1 200〜3 000 cP（センチポアズ）と本来の粘性は通常原油よりかなり高いが，高温の地下油層内では流動化可能な状態である。そのため，カナダのオイルサンドとは異なり，人為的に熱を加えずに地下より回収できる。ポンピングにより地表に汲み上げられたオリノコ超重質油は，比重がAPI比重8〜10°ときわめて重い上，硫黄分，重金属を多量に含んでいるので，通常の製油所では精製できない。そのため，ナフサで希釈してパイプラインでカリブ海岸の Jose に輸送後，改質し，軽質化，脱硫，脱重金属化され，合成原油としてマーケットに出されている。現在，4プロジェクト合計で合成原油約60万バレル/日を生産可能となっている（**表8.1**，**図8.3**）。開発技術としては，ここ10年ほどで大きく技術革新があった3D地震探鉱技術やMWD掘削制御技術などを組み合わせた水平のマルチラテラル坑井という新技

術の適用が特徴的である（**図8.4**）。これらの新技術の適用で，超重質油の本格商業生産が可能となった。

しかし，1999年2月にチャベス政権が発足し，ベネズエラのエネルギー政策は大きく変更されることになり，オリノコ超重質油もこの影響を受けることとなった。

2001年11月には新炭化水素法が制定され，政府がすべての石油プロジェクトの過半を取得し，ロイヤリティが引き上げられることとなった。この法律により，オリノコ超重質油の4プロジェクトについても，採算を考え，生産開始から9年間は1％，その後は16.67％と定められていたロイヤリティが，

表8.1 オリノコ超重質油の既存4プロジェクト

	Sincor	Petrozuata	Hamaca	Cerro Negro
旧・戦略的提携	PDVSA社 38％ トタル社 47％ スタットイルヒドロ社 15％	PDVSA社 49.9％ コノコ・フィリップス社 50.1％	PDVSA社 30％ コノコ・フィリップス社 40％ シェブロン社 30％	PDVSA社 41.67％ エクソンモービル社 41.67％ BP社 16.66％
新・ジョイントベンチャーカンパニー	Petro Cedeño社 PDVSA社 60％ トタル社 30.3％ スタットイルヒドロ社 9.7％	Petro Anzoátegui社 PDVSA社 100％	Petro Piar社 PDVSA社 70％ シェブロン社 30％	Petro Monagas社 PDVSA社 83.3％ BP社 16.7％
超重質油生産量（バレル/日）	20万	12万	19万	12万
超重質油API比重（°）	8〜8.5	9.3	8.7	8.5
合成原油生産量（バレル/日）	18万	10.4万	18万	10.5万
合成原油API比重（°）	32	19〜25	26	16
生産開始（年/月）	2000/12	1998/10	2001/10	1999/11

（各種資料よりJOGMEC作成）

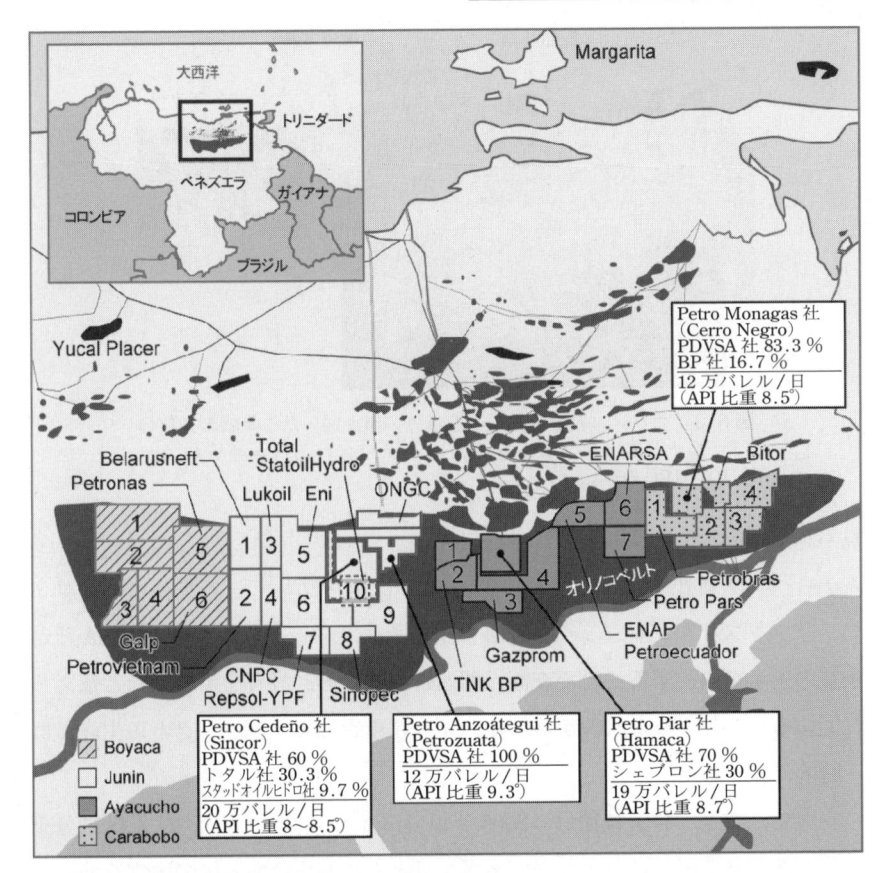

数字が記載された鉱区が埋蔵量評価作業の対象鉱区

図 8.3 オリノコベルト鉱区図（各種資料より JOGMEC 作成）

2004 年 11 月に 16.67 % に，2006 年 5 月に 33.33 % に引き上げられることとなった．また，政府は 2006 年にプロジェクト参加企業に対して契約をベネズエラの国営石油会社 PDVSA 社が過半数の株式を所有するジョイントベンチャーカンパニー方式に変更するよう要求した．交渉に進展がみられないことから，2007 年 5 月にチャベス大統領はオリノコベルト超重質油プロジェクトの国有化を一方的に宣言し，各プロジェクト会社の PDVSA 社持ち株比率を 60 % 以上に引き上げた．さらに，2006 年 8 月には同プロジェクトに対する法人

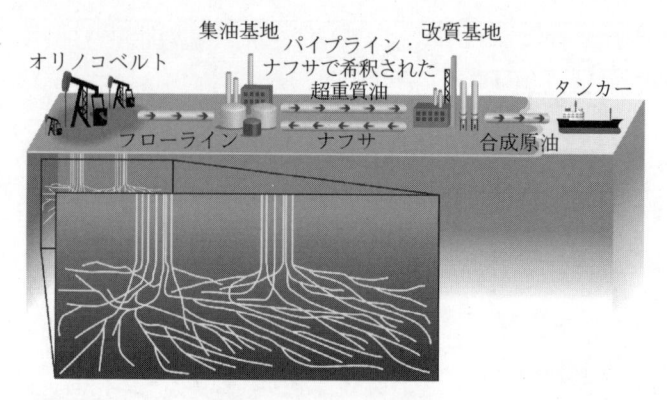

図 8.4 オリノコ超重質油の生産坑井の概念図：たこ足状の多数のマルチラテラル/水平坑井技術が使用される（各種資料より JOGMEC 作成）

税率が 34 % から 50 % に引き上げられた。

　チャベス大統領の政策を受け，2007 年にはエクソンモービル社とコノコ・フィリップス社がプロジェクトから撤退した。そのほかの企業も PDVSA 社が権益の過半を取得することで交渉が開始されたため，投資を手控えたと伝えられている。このような状況から，オリノコ超重質油 4 プロジェクトの生産量は一時的に減退した。

　一方で，チャベス大統領は，2005 年以降，オリノコベルトを 27 鉱区に分割し，中南米や中国，ロシアなどベネズエラと友好関係にある国の国営石油会社の協力を得て埋蔵量評価作業を実施している。この埋蔵量評価作業は，当初，国営石油会社が中心となって行われていたが，2008 年 1 ～ 3 月にはトタル社，スタットイルヒドロ社，ENI 社といった国際石油企業も，PDVSA 社と共同でオリノコベルトの埋蔵量評価などを行うことで合意した。すでに，ペトロブラス社が Carabobo 第 1 鉱区，チリの国営石油会社 Enap 社が Ayacucho 第 5 鉱区，ルクオイル社が Junín 第 3 鉱区の埋蔵量評価作業を終了したが，PDVSA 社によると，間もなくほぼすべての鉱区で埋蔵量評価作業が終了する予定で，今後これらの鉱区も開発へ移行していくと考えられる。

　開発については，埋蔵量評価を行った国営石油会社の多くが超重質油を生

産，改質，精製する技術や経験を持ち合わせていないため，新規事業を立ち上げ生産量を増加させることができるのか懸念されていた。しかし，2008年に入り，PDVSA 社は埋蔵量評価作業の終わった Carabobo の鉱区について国際入札を実施しており，埋蔵量評価を行った企業が自動的に権益を取得するというわけではなく，入札などにより鉱区権益が付与される模様である。なお，開発にあたっては各鉱区の権益の60％以上を PDVSA 社が保有するとしている。

ベネズエラは2005年8月に発表した PDVSA 社戦略計画で，2012年には新規開発を含めオリノコベルト全体で生産量を120万バレル／日に引き上げるとしている（2008年9月に PDVSA 社はこの生産目標を112万バレル／日に下方修正した）。同時に，PDVSA 社が発表したオリノコベルトの長期的な展望によると，2030年のオリノコ超重質油の生産量は回収率が8.5％の場合には300万バレル／日，12％の場合には450万バレル／日，16％の場合には500万バレル／日に増加するという。現在のオリノコ超重質油の回収率は5〜10％と考えられ，ベネズエラ政府の政策とともに，どの程度まで回収率を引き上げられるかという技術革新，技術導入が，今後の増産の大きなポイントとなると考えられる。

8.3 オイルシェール

オイルシェールとは，すでに述べたように地中に埋もれた生物死骸などの有機物が，石油や天然ガスに化学変化する前のケロジェンと呼ばれる油性の高分子有機物のまま浅い深度の地中の頁岩に含有されているものをいう。泥岩質の頁岩は水平方向に亀裂が入りやすく，簡単に御菓子のミルフィーユ状に薄く剥がれる。この頁岩にケロジェンが4％以上含まれる場合を一般的にオイルシェールといっている。頁岩自体は世界に広く分布し，その頁岩にほとんどの場合ケロジェンが含まれているので，結果，4％以上の高濃度のケロジェンを含むオイルシェールも広く世界に分布（**図8.5**）している。中生代ジュラ紀・白亜紀や古代デボン紀，さらに新生代第三紀の頁岩層に多い。

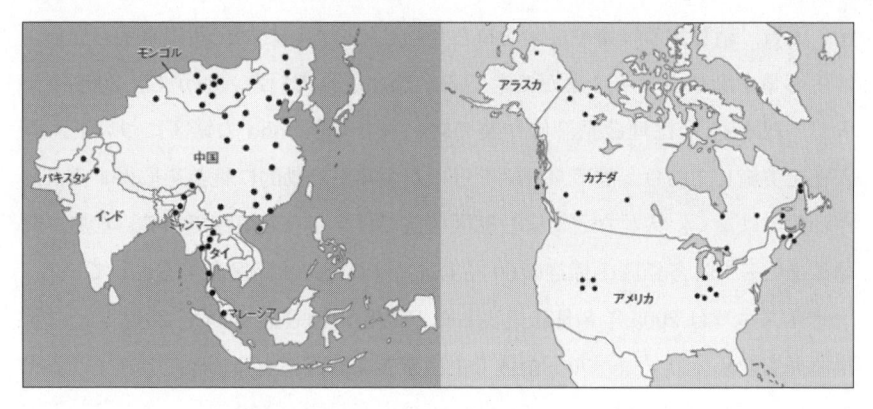

図 8.5 アジアと北米のオイルシェール鉱床

　通常の油田の場合と異なり，ケロジェンに流動性がほとんどない。通常の油田・ガス田に比べて，オイルシェール層は 1 000 m 以浅と深度が浅く地表に露頭がある場合も多い。オイルシェールそのものを掘削して粉砕し，そのまま燃焼させて燃料として使用することも可能だが，効率よく利用するにはオイルシェールからケロジェンのみを取り出して利用する必要がある。そのためにはオイルシェール自体を地表まで採取して，適当なサイズまで破砕した後に専用プラントで乾留する方法がこれまで一般的であった。オイルシェールを乾留することは 19 世紀前半に英仏で開始されたが，その後に在来型石油産業が興隆して駆逐されてしまった。

　オイルシェールが脚光を浴びたのは 1970 年代の一連の石油危機以降であり，石油メジャーズなどが先を争って米国や豪州でのオイルシェール採掘・乾留事業に着手しようとしたが，その後 1980 年代半ばの石油価格暴落と軌を一にして，ほとんどが採算割れと判断されて中止されてしまった。1990 年代にはブラジルの国営石油会社が小規模な乾留プラントを建設して生産を開始し，豪州でも日量 8.5 万バレル規模の商業プロジェクトが計画されたが，採算性と環境負荷の問題で頓挫した。

　現時点では，世界のオイルシェール商業生産量は，ブラジル，中国などの極小規模なもののみで世界ではほぼゼロに近いが，2004 年以降の石油価格高騰に

よって再び世界的にオイルシェールの本格商業生産の気運が高まってきた。

　世界最大のオイルシェール資源が存在するとされている米国では，ワイオミング，ユタ，コロラドのロッキー山脈地域に良好なオイルシェール鉱床があり，その中で特にワイオミング州中心に存在するグリーンリバー鉱床に現在関心が集まっている。このグリーンリバー鉱床は，深度300 m以深に原始埋蔵量として通常原油換算で約8 000億バレルのケロジェンが存在していると米国内務省は推定しており，生産コストは平均で70ドル/バレル程度と考えられている。原油価格80ドル/バレル前後が長期間にわたって継続すれば，十分採算が取れる可能性が高い。

　現在（2008年秋），コロラドのPiceance Creek Basin連邦政府所有鉱床で，シェル社，シェブロン社，エクソンモービル社の大手石油企業とESS社などのベンチャー企業数社が，かつてのように頁岩を露天掘りする方法ではなく，坑井を掘削して地層内から直接油分を生産する新しいIn Situ生産法のパイロット・プラントを建設して生産実験を行っている。一方，内務省はすでに商業開発のための鉱区公開手続きに関しての検討を開始している。ちなみに，米国のオイルシェール鉱床の7～8割は連邦政府所有地にある。また，一部の日本企業も事前調査事業に参加を始めている。従来，オイルシェールの商業生産方法は，表土を剥がした上で採掘し，それをベルトコンベアで砕石場・乾留プラントまで輸送して油分を抽出することが一般的に考えられていた。この方法であると，採掘コストが高く，しかも大量の水を使用し，その排水処理も大きな問題であって，結局大規模な商業開発に成功しなかった。

　しかし，1970年代よりオイルシェール開発研究を継続してきたシェル社は，通常の油田と同様な坑井を掘削して油分を生産する画期的なIn Situ生産法を研究開発してきている。これは数坑の垂直坑井をオイルシェール層に掘削して，それに電熱ヒーターを挿入して3～4年かけてオイルシェール層を300°以上に加熱して，ケロジェンからガスと油成分を生成・流動化させて，それを別の垂直坑井で汲み出そうとするものだ（**図8.6**）。

　さらに，加熱用の一部電源を風力発電などで賄おうとするものとされてい

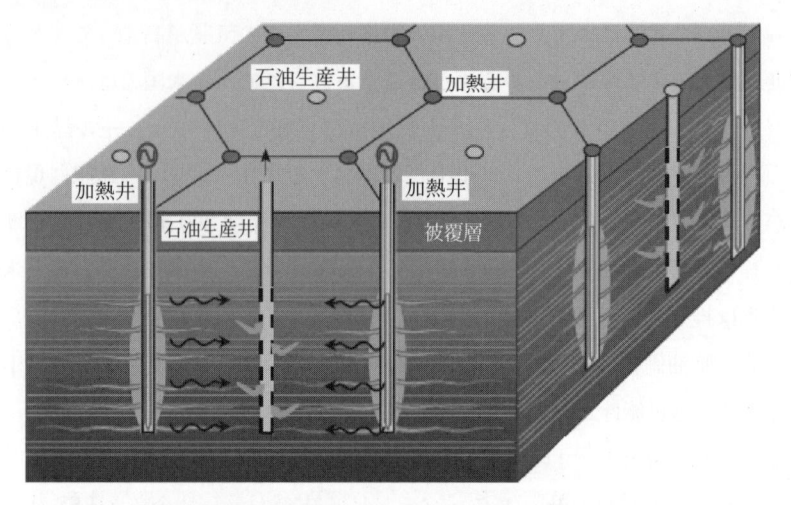

シェル社のICP（In Situ conversion process）法では、地表から地下のオイルシェール層に向けて垂直の孔を複数本掘削し、そこに電熱ヒーターを挿入し、3〜4年間をかけて表土を華氏650°（343℃）まで加熱する。ケロジェンから生成した水素リッチな軽質油成分およびガスを上記加熱井の間に複数本設置した従来型の石油生産井を通じて汲み上げる。

図8.6 シェル社のIn Situ回収法〔出典：Green Car Congressホームページ〕

る。風力発電は、発電の不安定性が通常の電力需要には大きな欠点で、コスト高の原因でもあるが、地層加熱には大きな欠点にはならず、利用法としてはきわめて合理的である。この方式では、回収率が胚胎ケロジェン成分の60％以上となるとされる。また、加熱を効率よく行い、同時に地下水汚染を防止するために、生産鉱床の周囲の地層を氷結させて地下水流を遮断することを提案している。回収油分1に対して3の水を必要とするといわれている。同社によれば、日量10万バレルの油分回収に約1.2百万kWの発電能力が必要とされるとのことで、回収油分のエネルギー量と投入電力のエネルギー量の比率は、約5：1ということになり、在来型原油の比率には遙かに及ばないながら、エネルギー産出/投入効率は十分高いことになる。

一方、エクソンモービル社も、水平坑井をシェール層内に複数掘削し、そこに高圧水を注入してシェール層にフラクチャー（割れ目）を多数生じさせた上で電解質を充填して通電加熱し、流動化した油分を別途掘削した垂直井で汲み

出す In Situ 生産技術をフィールド実験している。シェブロン社も，垂直井から高温に加熱した CO_2 と冷却した CO_2 を交互にシェール層に注入して水平方向にフラクチャーを生じさせると同時に，高温 CO_2 の熱でケロジェンをガス化して生産井から回収する In Situ 生産技術をフィールド試験する計画である。このように非常に革新的な生産技術が多数の会社によってフィールド実験されており，近い将来に商業化される可能性が出てきている。

このように地層内回収 In Situ 生産技術は有望であるが課題も多く，最大の問題は地下水汚染と，電力も含めてエネルギー産出／投入量比率をさらに向上させることである。

中国では黒龍江省で 20 億バレル相当と予測されるオイルシェール原始埋蔵量を確認しており，独自に商業プラント建設を進める計画である。吉林省でも，地元企業とシェル社がオイルシェール開発のジョイントベンチャーを組織して商業開発に着手しようとしている。

9
石油の未来
― 石油資源の行方 ―

　以上，すでに発見されており将来の開発を待っている油田，新たに発見された油田，今後大きな可採埋蔵量の発見が確実視されている地域，今後の技術開発を待っている非在来型石油資源を，具体的な事例を取り上げて紹介してきた。

　ちなみに，すでに5章でも一部紹介したが，世界の代表的な石油・天然ガスの上流データサービス会社である米国 CERA/IHS 社と英国 Wood Mackenzie 社は，世界の個別油田の生産・開発計画を網羅的に積み上げ計算した長期石油供給見能力通しをそれぞれ発表している。CERA/IHS 社の最新見通し（2008年6月）では，2008年から15年までの7年間で20％増（年間平均2.6％増），2020年までの12年間で23％増（年間平均1.7％増）となっており，Wood Mackenzie 社の最新見通し（2008年5月）では，2008年から2015年までの7年間で世界の石油生産能力は13.4％増（年間平均1.8％増），2020年までの見通しでは約20％増（年間平均1.7％増）となっている。

　両社とも，世界中の油田データに基づいた見通しとして，少なくとも2020年頃までは地質的な生産能力の限界がくることはなく，年平均2％前後で順調に拡大するとしている。要するに，地質運命論のキャンベルなどのピークオイル論を詳細な実データを以て明快に否定している。

　しかし，この見通しは，石油業界側が順調に開発投資，生産活動を鋭意行うということを前提にしており，環境規制を含む想定外の大きな政治的制約が出現したり，資機材や技術者を中心としたマンパワーの制約が大幅に厳しくなれ

ば，実際の石油生産能力推移はこの限りではない。

また，2020年以降となると，政治的な障害，経済環境の障害だけでなく，今後の技術革新の停滞や利那的な石油企業の行動が即，実際の生産能力の頭を押さえることにもなる。未来の石油生産能力の確保は，安心しきって放念できるような性格のものでは到底ない。

探鉱開発投資と投資環境の維持改善，および技術開発とマンパワー確保が最大限なされなければ，早晩ピークオイルを自ら招き寄せることになりかねない。

この点は何回も強調される必要がある。

9.1 その他の技術革新要因

じつは，将来の石油供給能力に関する技術革新のうち，これまでの議論でまったく触れなかった点がある。それはGTLとCTLである。GTLとは，gas to liquids，すなわち天然ガスを石油製品に化学的に変換する技術であり，CTLとは，coal to liquids，すなわち石炭を石油製品に化学的に変換する技術である。両方とも，基本的な技術はすでに開発済みであり，世界的には若干の商業生産が始まっているが，まだまだコストが高くて本格的なものにはなっておらず，さらなるコストダウンの技術革新が待たれている。現時点での世界の天然ガスの埋蔵量は，熱量換算で石油とほぼ同量であるが，石油と異なり長距離輸送コストが著しく高いので，主要消費地から遠方にある発見済みガス田のうちのかなりの数が商業開発されずに蓋をされたまま遊んでいる。

また，最近のトレンドとしては，新規油田の発見埋蔵量よりも，新規ガス田の発見埋蔵量の方がかなり大きい。天然ガスは熱量当たりのCO_2発生量が石油よりも3割程度少なく，環境的には石油より価値が高いエネルギー資源である。したがって，天然ガスを石油製品に化学的に変換するGTLは，転換に要するエネルギー損失を考慮すると天然ガスの持っている環境メリットを完全になくすことになり，環境的には得策でない。しかし，石油資源が不足する場合

や，遠隔地で遊んでいるガス田の有効利用という観点からは期待が大きい技術なのである。商業生産量は，2015年時点で日量20〜30万バレル程度と考えられるが，石油価格が再び高止まりした場合は，2030年頃には日量百万バレル単位の生産量になることが考えられる。巨大な在来型油田が数個分発見されたのと同様な寄与をすることになる。技術的にはまだまだ改良の余地があると考えられているので，今後の技術革新が待たれるところである。

石炭は，天然ガスと比べると熱量単位でCO_2を2倍近く排出し，石油と比べても3割近く多く排出するため，環境的には好ましいエネルギー資源ではないが，資源量，埋蔵量は石油や天然ガスよりも圧倒的に大きい。この豊富な石炭資源を原料として転換プラントにおいて化学的に石油製品を生産するのがCTLであるが，石炭を一旦合成ガスにしてからGTLと同様のプロセスで変換する間接法と，水素・溶剤と混合してから加圧加熱して変換する直接法がある。

どちらにしても，いったん地下から採掘した石炭をさらに地上のプラントで変換するのでコストは非常に高いが，かつて石油入手に苦労したナチスドイツや日本が旧満州で大規模生産した歴史もあり，また国連エンバーゴ下での南アフリカでも商業生産されていた。ここ数年の石油価格高騰で，特に石炭資源が豊富でエネルギー自給指向が強い米国で注目されてきており，同様な条件の中国でも一部商業プロジェクトが開始されている。米国エネルギー省の見通しでは，2030年に世界で日量1〜3百万バレルに達する可能性もあるとされている。

油田のように坑井を掘削して地下の石炭層で直接ガス化ができれば，間接法を応用して大幅なコストダウンになるはずであるが，目処はたっていない。また，天然ガス・石油よりも多いCO_2排出問題も大きな課題である。

9.2 石油資源の将来 — 需要とのバランス

本書は石油の供給面の可能性についての本であるので，需要面の問題には触

れてこなかった。しかし，経済的，ないし文明論的な意味で石油資源を考えるのであれば，供給面だけ論じるのは片手落ちである。最初にも触れたが，最近5〜10年間，あるいは過去20年間をとっても石油需要伸び率は平均して年間1％台と，歴史的に見てそう高いものではない。特に1970年代前半以前の年間8％前後の伸びと比べれば非常に低い伸び率である。だから，いまパニック的な行動に陥る必要はないだろう。しかし，中国・インドに代表されるような大人口の発展途上国の経済成長率が趨勢的に高まっており，このまま長期的に石油需要の伸びが推移すればいつかは供給が追いつかなくなることも確実である。途上国の人に「経済成長するな，自動車に乗るな，航空機に乗るな」とは，先進国の人間はいうことができない。これからの時代において，石油節約の必要性は自明である。天然ガスや再生可能エネルギーなど石油代替エネルギー開発の話は，複雑で大きな問題なので本書では扱わないが，あくまで，石油自体の節約という観点から何点か指摘したい。

　まず第一に，先進国の自動車用需要についてである。先進国全般，特に米国や自動車台数が急増している中国・中東諸国に当てはまるが，不必要に大排気量で燃費の悪い車がこれまで使われすぎているということである。自動車会社は，大型車の方が断然利益率が良いので同意しないだろうが，かりに，米国人の大半が例えばマツダのデミオのような小型で高燃費効率の車に乗り換えれば，たちまち世界の石油需要は日量1千万バレル程度も減ってしまう。これは最近の世界石油需要増の10年分以上の量である。

　今後，トヨタのプリウスのようなハイブリッド車，さらには現在開発されているプラグイン・ハイブリッド車などが米国を含む先進諸国で普及してくれば，世界の石油需要はそうでない場合に比べて2〜3割程度も減ってしまうことになる。例えば，低燃費効率の大排気量自動車の取得や保有には懲罰的な高い税をかけるなどすれば，なんらの新たな技術革新を待たなくても自動車の省エネの余地は非常に大きい。現状の自動車用の石油需要を所与のもので変更不能と考える必要はまったくないのである。途上国での自動車数が着実に伸びるのと並行して，先進国も含めた自動車の大幅燃費改善をすれば，世界の石油需

要は増加せず，むしろ減少する可能性も十分ある。

　第二に途上国の石油製品価格統制の問題である。近年，石油需要が急伸している中国や中東諸国などの産油国では，国際価格に比べて国内の石油製品価格が大幅に安く価格統制されている。このために，国際石油価格が高騰しても，これらの国の石油需要増にはブレーキがかからず，市場機能が働かない。これを改善できれば，将来の石油需要増のスピードを減速させることができる。

　第三に産業用・発電用需要の燃料転換の問題である。世界的に石油需要の半分強は石油以外では代替の効かない交通用需要であるが，逆にいうと，残りの需要のうち，石油化学原料用需要を除いた3割強が，石油でなくてもよい産業用や発電用需要である。これらの需要の大半は，天然ガスなど他の代替エネルギーで代替することが技術的，コスト的には十分可能である。石油需要のノーブルユース化が，これからは一層求められる。

　第四に環境規制，CO_2排出規制の問題である。現時点では，地球温暖化問題に関して，実効的な化石燃料規制はほとんどの国でいまだ課されていない。しかし，ここ1，2年再び世界は地球温暖化問題への関心が大きく高まり，CO_2排出削減のためのなんらかの規制を課そうという動きが活発化してきている。このために，いずれ石油も含めて化石燃料の使用に関して世界的にブレーキがかかることが確実である。しかし，環境意識の高まり，環境規制の高まりは石油需要を減らす方向ばかりに働くわけではないことも留意する必要がある。オイルサンドなど非在来型の石油資源の開発は，在来型石油開発よりも生産と改質にかかわるCO_2排出量が大きく，新たな供給力確保のハザードにもなるためである。

9.3　石油のこれから

　これまで述べてきたことをまとめると，石油資源自体はいまだ大量に地球上に存在しており，これを順調に長期にわたって石油生産能力増強に結びつけるのには，最大限の探鉱開発努力と技術開発努力を行う必要があること，また技

術者を中心にマンパワーを石油業界が確保する事が必要であるということである。一方，石油需要はこれから石油のノーブルユース，効率的使用についてさらに努力をする必要があり，その余地もあるということであり，これは地球温暖化対策の面からも喫緊の課題である。この二つの面で努力がなされるならば，今世紀いっぱい程度は石油の時代が継続する可能性が高いと考えられる。

引用・参考文献

1) ダニエル・ヤーギン：石油の世紀―支配者達の興亡―，上巻，日本放送協会（1991）
2) 津村光信：石油新時代―国際石油戦争と日本，三省堂（1974）
3) D. H. メドウズほか：成長の限界―ローマ・クラブ「人類の危機」レポート，ダイヤモンド社（1972）
4) キャンベル：ピークオイル論は多数の論文，記事，ホームページで紹介されている：例えば Colin Campbell が 2000 年に設立した Association for the Study of Peak Oil and Gas のホームページ http://www.peakoil.net/ を参照
5) 米国地質調査所：USGS（2000），http://energy.cr.usgs.gov/oilgas/wep/index.htm 参照
6) P. O'dell : Energy Exploration & Exploitation, Vol. **12**, No. 1 (1994)
7) IEA : International Energy Agency: World Energy Outlook (2005)
8) C. J. キャンベル & J. H. ラエレール："安い石油がなくなる"，日経サイエンス，1998 年 6 月号（1998）
9) Aguilera et al : The Energy Journal, Vol. **30**, No. 1, pp. 141～174 (2009)
10) CGES : Global Oil Report, Vol. **12**, No. 1 (Jan. Feb. 2001)
11) M. K. Hubbert : "Nuclear Energy and the Fossil Fuels", Publication No. 95, Shell Development Co. (1956)
12) M. K. Hubbert : Energy Resources, a report to the Committee on Natural Resources of the National Academy of Sciences-National Research Council. Publication 1000-D (1962)
13) 井上正澄："石油資源の将来"，石油技術協会誌，Vol. **69**, No. 6, pp. 679～691（2004）
14) 本村真澄，本田博巳："ピークオイルの資源論的概念とその対応策について"，石油・天然ガスレビュー，Vol. **41**, No. 4, pp. 17～30 (2007)
15) ASPO ホームページ http://www.peakoil.net/uhdsg/Default.htm
16) C. J. Campbell : The End of the First Half of the Age of Oil (2005) http://www.cge.uevora.pt/aspo2005/abscom/ASPO2005_Lisbon_Campbell.pdf
17) CERA : "Worldwide Liquids Capacity Outlook to 2010, Tight Supply or Excess of Riches?", CERA Private Report, p. 58 (2005)

18) CERA : Why the "Peak Oil" Theory Falls Down, CERA Decision Brief, p. 11 (2006)
19) Alexandra Witze : "Energy: That's oil, folks...", Nature, Vol. **445**, pp. 14〜17 (2007)
20) J. D. Edwards : "Crude oil and alternate energy production forecast for the twenty-first century: The end of hydrocarbon era", AAPG Bull. Vol. **81**, pp. 1292〜1304 (1997)
21) J. D. Edwards : Twenty-first-century energy: Decline of fossil fuel, increase of renewable nonpolluting energy sources, in M. W. Downey, J. C. Threet and W. A. Morgan (eds.) : Petroleum provinces of the twenty-first century, AAPG Mem. Vol. **74**, pp. 21〜34 (2001)
22) 米国地質調査所 : CARA Report (2008), http://pubs.usgs.gov/fs/2008/3049/fs2008-3049.pdf
23) 本村真澄 : 石油大国ロシアの復活, アジア経済研究所 (2005)
24) 米国エネルギー省エネルギー情報局ホームページ
25) IHS Energy 社 : CIS Weekly Report (2008/7/24)
26) Pllat's Oilgram News (2008/7/14)
27) Pllat's Oilgram News (2008/5/30)
28) IHS Energy 社 : CIS Weekly Report (2008/8/12)
29) International Oil Daily (2008/9/5)
30) Pllat's Oilgram News (2008/8/27)
31) Middle East Economic Survey (2008/9/1)
32) Arab Oil & Gas Directory 2002, Arab Petroleum Research Center (2002)
33) BP 社 : Statistical Review of World Energy 2008 (BP 統計 2008)
34) Oil & Gas Journal, Vol. **105**, No. 48 (2007/12/24)
35) Arab Oil & Gas Directory 2008, Arab Petroleum Research Center (2008)
36) OPEC Annual Statistical Bulletin 2007
37) IEA : ANGOLA-Towards an Energy Strategy, OECD (2006)
38) Joseph Hilyard (ed.) : International Petroleum Encyclopedia 2008, Pennwell Corp (2008)

石油資源の行方
― 石油資源はあとどれくらいあるのか ―

Ⓒ (社)日本エネルギー学会 2009

2009年4月27日 初版第1刷発行
2010年6月20日 初版第2刷発行

検印省略		
	編 者	社団法人 日本エネルギー学会 東京都千代田区外神田 6-5-4 偕楽ビル（外神田）6F ホームページ http://www.jie.or.jp
	編 者	独立行政法人 石油天然ガス・ 金属鉱物資源機構 (JOGMEC) 調査部 ホームページ http://www.jogmec.go.jp
	発行者	株式会社　コロナ社 代表者　牛来真也
	印刷所	萩原印刷株式会社

112-0011 東京都文京区千石 4-46-10

発行所　株式会社　コロナ社
CORONA PUBLISHING CO., LTD.
Tokyo　Japan

振替 00140-8-14844・電話 (03) 3941-3131 (代)

ホームページ　http://www.coronasha.co.jp

ISBN 978-4-339-06828-3　（柏原）　（製本：愛千製本所）
Printed in Japan

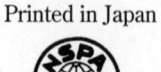

無断複写・転載を禁ずる
落丁・乱丁本はお取替えいたします

地球環境のための技術としくみシリーズ

（各巻A5判）

コロナ社創立75周年記念出版　〔創立1927年〕

■編集委員長　松井三郎
■編集委員　小林正美・松岡　譲・盛岡　通・森澤眞輔

	配本順			頁	定価
1.	（1回）	今なぜ地球環境なのか	松井三郎編著	230	3360円
		松下和夫・中村正久・髙橋一生・青山俊介・嘉田良平 共著			
2.	（6回）	生活水資源の循環技術	森澤眞輔編著	304	4410円
		松井三郎・細井由彦・伊藤禎彦・花木啓祐・荒巻俊也・国包章一・山村尊房 共著			
3.	（3回）	地球水資源の管理技術	森澤眞輔編著	292	4200円
		松岡　譲・髙橋　潔・津野　洋・古城方和・楠田哲也・三村信男・池淵周一 共著			
4.	（2回）	土壌圏の管理技術	森澤眞輔編著	240	3570円
		米田　稔・平田健正・村上雅博 共著			
5.		資源循環型社会の技術システム	盛岡　通編著		
		河村清史・吉田　登・藤田　壮・花嶋正孝・宮脇健太郎・後藤敏彦・東海明宏 共著			
6.	（7回）	エネルギーと環境の技術開発	松岡　譲編著	262	3780円
		森　俊介・槌屋治紀・藤井康正 共著			
7.		大気環境の技術とその展開	松岡　譲編著		
		森口祐一・島田幸司・牧野尚夫・白井裕三・甲斐沼美紀子 共著			
8.	（4回）	木造都市の設計技術		282	4200円
		小林正美・竹内典之・髙橋康夫・山岸常人・外山　義・井上お起子・菅野正広・鉾井修一・吉田治典・鈴木祥之・渡邉史夫・高松　伸 共著			
9.		環境調和型交通の技術システム	盛岡　通編著		
		新田保次・鹿島　茂・岩井信夫・中川　大・細川恭史・林　良嗣・花岡伸也・青山吉隆 共著			
10.		都市の環境計画の技術としくみ	盛岡　通編著		
		神吉紀世子・室崎益輝・藤田　壮・島谷幸宏・福井弘道・野村康彦・世古一穂 共著			
11.	（5回）	地球環境保全の法としくみ	松井三郎編著	330	4620円
		岩間　徹・浅野直人・川勝健志・植田和弘・倉阪秀史・岡島成行・平野　喬 共著			

定価は本体価格+税5％です。
定価は変更されることがありますのでご了承下さい。

図書目録進呈◆

新コロナシリーズ

(各巻B6判,欠番は品切です)

			頁	定価
2.	ギャンブルの数学	木下栄蔵著	174	1223円
3.	音戯話	山下充康著	122	1050円
4.	ケーブルの中の雷	速水敏幸著	180	1223円
5.	自然の中の電気と磁気	高木相著	172	1223円
6.	おもしろセンサ	國岡昭夫著	116	1050円
7.	コロナ現象	室岡義廣著	180	1223円
8.	コンピュータ犯罪のからくり	菅野文友著	144	1223円
9.	雷の科学	饗庭貢著	168	1260円
10.	切手で見るテレコミュニケーション史	山田康二著	166	1223円
11.	エントロピーの科学	細野敏夫著	188	1260円
12.	計測の進歩とハイテク	高田誠二著	162	1223円
13.	電波で巡る国ぐに	久保田博南著	134	1050円
14.	膜とは何か ─いろいろな膜のはたらき─	大矢晴彦著	140	1050円
15.	安全の目盛	平野敏右編	140	1223円
16.	やわらかな機械	木下源一郎著	186	1223円
17.	切手で見る輸血と献血	河瀬正晴著	170	1223円
18.	もの作り不思議百科 ─注射針からアルミ箔まで─	JSTP編	176	1260円
19.	温度とは何か ─測定の基準と問題点─	櫻井弘久著	128	1050円
20.	世界を聴こう ─短波放送の楽しみ方─	赤林隆仁著	128	1050円
21.	宇宙からの交響楽 ─超高層プラズマ波動─	早川正士著	174	1223円
22.	やさしく語る放射線	菅野・関共著	140	1223円
23.	おもしろ力学 ─ビー玉遊びから地球脱出まで─	橋本英文著	164	1260円
24.	絵に秘める暗号の科学	松井甲子雄著	138	1223円
25.	脳波と夢	石山陽事著	148	1223円
26.	情報化社会と映像	樋渡涓二著	152	1223円
27.	ヒューマンインタフェースと画像処理	鳥脇純一郎著	180	1223円
28.	叩いて超音波で見る ─非線形効果を利用した計測─	佐藤拓宋著	110	1050円
29.	香りをたずねて	廣瀬清一著	158	1260円
30.	新しい植物をつくる ─植物バイオテクノロジーの世界─	山川祥秀著	152	1223円

31.	磁石の世界	加藤哲男著	164	1260円
32.	体を測る	木村雄治著	134	1223円
33.	洗剤と洗浄の科学	中西茂子著	208	1470円
34.	電気の不思議 ―エレクトロニクスへの招待―	仙石正和編著	178	1260円
35.	試作への挑戦	石田正明著	142	1223円
36.	地球環境科学 ―滅びゆくわれらの母体―	今木清康著	186	1223円
37.	ニューエイジサイエンス入門 ―テレパシー,透視,予知などの超自然現象へのアプローチ―	窪田啓次郎著	152	1223円
38.	科学技術の発展と人のこころ	中村孔治著	172	1223円
39.	体を治す	木村雄治著	158	1260円
40.	夢を追う技術者・技術士	CEネットワーク編	170	1260円
41.	冬季雷の科学	道本光一郎著	130	1050円
42.	ほんとに動くおもちゃの工作	加藤孜著	156	1260円
43.	磁石と生き物 ―からだを磁石で診断・治療する―	保坂栄弘著	160	1260円
44.	音の生態学 ―音と人間のかかわり―	岩宮眞一郎著	156	1260円
45.	リサイクル社会とシンプルライフ	阿部絢子著	160	1260円
46.	廃棄物とのつきあい方	鹿園直建著	156	1260円
47.	電波の宇宙	前田耕一郎著	160	1260円
48.	住まいと環境の照明デザイン	饗庭貢著	174	1260円
49.	ネコと遺伝学	仁川純一著	140	1260円
50.	心を癒す園芸療法	日本園芸療法士協会編	170	1260円
51.	温泉学入門 ―温泉への誘い―	日本温泉科学会編	144	1260円
52.	摩擦への挑戦 ―新幹線からハードディスクまで―	日本トライボロジー学会編	176	1260円
53.	気象予報入門	道本光一郎著	118	1050円
54.	続もの作り不思議百科 ―ミリ,マイクロ,ナノの世界―	JSTP編	160	1260円
55.	人のことば,機械のことば ―プロトコルとインタフェース―	石山文彦著	118	1050円
56.	磁石のふしぎ	茂吉・早川共著	112	1050円

定価は本体価格+税5％です。
定価は変更されることがありますのでご了承下さい。

図書目録進呈◆

シリーズ　21世紀のエネルギー

(各巻A5判)

■(社)日本エネルギー学会編

			頁	定価
1.	21世紀が危ない — 環境問題とエネルギー —	小島紀徳著	144	1785円
2.	エネルギーと国の役割 — 地球温暖化時代の税制を考える —	十市　勉 小川芳樹 佐川直人 共著	154	1785円
3.	風と太陽と海 — さわやかな自然エネルギー —	牛山　泉他著	158	1995円
4.	物質文明を超えて — 資源・環境革命の21世紀 —	佐伯康治著	168	2100円
5.	Cの科学と技術 — 炭素材料の不思議 —	白石・大谷 京谷・山田 共著	148	1785円
6.	ごみゼロ社会は実現できるか	行本正雄 西哲生 立田真文 共著	142	1785円
7.	太陽の恵みバイオマス — CO_2を出さないこれからのエネルギー —	松村幸彦著	156	1890円
8.	石油資源の行方 — 石油資源はあとどれくらいあるのか —	JOGMEC調査部編	188	2415円
9.	原子力の過去・現在・未来 — 原子力の復権はあるか —	山地憲治著	170	2100円

■以下続刊

農のエネルギー	小林・木谷・柚山 上野・近藤 共著	21世紀の太陽電池技術	荒川裕則著
太陽光発電の社会学	黒川浩助著	キャパシタ — これからの「電池ではない電池」—	直井勝彦著
マルチガス削減 — エネルギー起源CO_2以外の温暖化要因を含めた総合対策 —	黒沢敦志著	石炭資源の行方 — 21世紀の石炭資源開発技術 —	島田荘平著
バイオマスタウン	森塚秀人他著		

定価は本体価格+税5％です。
定価は変更されることがありますのでご了承下さい。

図書目録進呈◆